#응용력키우기
#서술형·문제해결력

응용
해결의 법칙

Chunjae
Makes
Chunjae

▼

[응용 해결의 법칙] 초등 수학 3-1

기획총괄	김안나
편집개발	이근우, 서진호
디자인총괄	김희정
표지디자인	윤순미, 여화경
내지디자인	박희춘, 이혜미
제작	황성진, 조규영

발행일	2024년 10월 15일 개정초판 2024년 10월 15일 1쇄
발행인	(주)천재교육
주소	서울시 금천구 가산로9길 54
신고번호	제2001-000018호
고객센터	1577-0902

모든 응용을 다 푸는 해결의 법칙

수학
3·1

일등 비법

일등 비법에서 한 단계 더 나아간 심화 개념 설명을 익히고 일등 특강으로 기본 개념을 확인할 수 있어요.

기본 유형 익히기

다양한 유형의 문제를 풀면서 개념을 완전히 내 것으로 만들어 보세요.

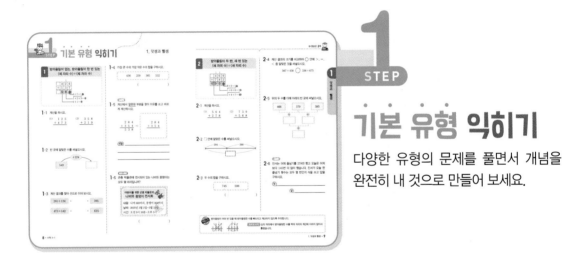

응용 유형 익히기

응용 유형 문제를 단계별로 푸는 연습을 통해 어려운 문제도 스스로 풀 수 있는 힘을 길러 줍니다.

▶ 동영상 강의 제공

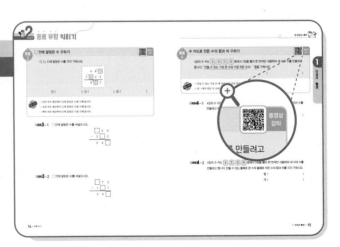

3 STEP

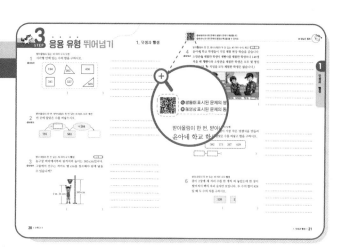

응용 유형 **뛰어넘기**

한 단계 더 나아간 심화 유형 문제를
풀면서 수학 실력을 다져 보세요.

▶ 동영상 강의 제공

쌍둥이 문제 제공

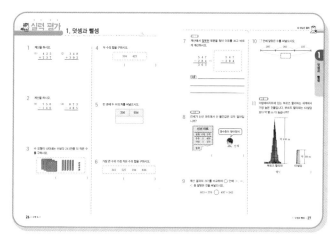

실력 **평가**

실력 평가를 풀면서 앞에서 공부한 내용
을 정리해 보세요. 학교 시험에 잘 나오
는 유형과 좀 더 난이도가 높은 문제까
지 수록하여 확실하게 유형을 정복할
수 있어요.

창의 사고력

창의 사고력 문제를 풀어 보면서 실력을
높여 보세요.

응용 해결의 법칙

「QR 활용법」

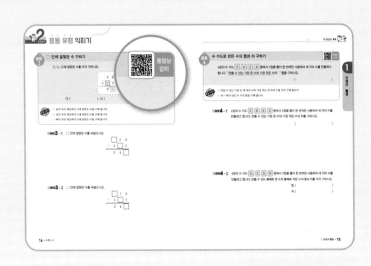

📹 동영상 강의 제공

선생님의 더 자세한 설명을 듣고 싶거나 혼자 해결하기 어려운 문제는 교재 내 QR 코드를 통해 동영상 강의를 무료로 제공하고 있어요.

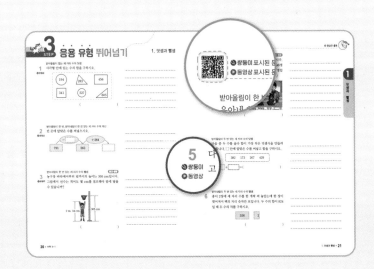

👭 쌍둥이 문제 제공

3단계에서 비슷한 유형의 문제를 더 풀어 보고 싶다면 QR 코드를 찍어 보세요. 추가로 제공되는 쌍둥이 문제를 풀면서 앞에서 공부한 내용을 정리할 수 있어요.

▶️ 학습 게임 제공

단원 끝에 있는 QR 코드를 찍어 보세요. 게임을 하면서 단원을 마무리할 수 있어요.

1

덧셈과 뺄셈

 # 1. 덧셈과 뺄셈

비법 **1** 예 452+137을 여러 가지 방법으로 계산하기

방법 1 백의 자리부터 더하기

$400+100=500,$
$50+30=80,$
$2+7=9$
⇨ $452+137=500+80+9$
          $=589$

방법 2 일의 자리부터 더하기

$2+7=9,$
$50+30=80,$
$400+100=500$
⇨ $452+137=9+80+500$
          $=589$

• 이외에도 여러 가지 방법으로 덧셈을 할 수 있고, 다른 방법으로 계산하여도 결과는 모두 같습니다.

비법 **2** 예 678-154를 여러 가지 방법으로 계산하기

방법 1 백의 자리부터 빼기

$600-100=500,$
$70-50=20,$
$8-4=4$
⇨ $678-154=500+20+4$
          $=524$

방법 2 일의 자리부터 빼기

$8-4=4,$
$70-50=20,$
$600-100=500$
⇨ $678-154=4+20+500$
          $=524$

• 이외에도 여러 가지 방법으로 뺄셈을 할 수 있고, 다른 방법으로 계산하여도 결과는 모두 같습니다.

비법 **3** 수 카드로 만든 세 자리 수의 합 구하기

예 7, 5, 6 으로 만들 수 있는 가장 큰 세 자리 수와 가장 작은 세 자리 수의 합 구하기

(1) 가장 큰 세 자리 수:

7 6 5 ⇨ 765
큰 수부터 차례로

(2) 가장 작은 세 자리 수:

5 6 7 ⇨ 567
작은 수부터 차례로

(3) 만든 두 수의 합 구하기:
$765+567=1332$

예 8, 0, 9 로 만들 수 있는 가장 큰 세 자리 수와 가장 작은 세 자리 수의 합 구하기

(1) 가장 큰 세 자리 수:

9 8 0 ⇨ 980
큰 수부터 차례로

(2) 가장 작은 세 자리 수:

0은 십의 자리에
8 0 9 ⇨ 809
0을 제외한 나머지 수를 작은 수부터 차례로

(3) 만든 두 수의 합 구하기:
$980+809=1789$

• 받아올림이 세 번 있는
(세 자리 수)+(세 자리 수)

$$\begin{array}{r} {\scriptstyle 1\ 1} \\ 7\ 6\ 5 \\ +\ 5\ 6\ 7 \\ \hline 1\ 3\ 3\ 2 \end{array}$$

각 자리끼리의 합이 10이거나 10보다 클 때에는 바로 윗자리로 받아올림합니다.

비법 ④ 뺄셈식에서 □ 안에 알맞은 수 구하기

예
$$
\begin{array}{ccc}
7 & 3 & ㉠ \\
- 2 & ㉡ & 6 \\
\hline
㉢ & 6 & 3
\end{array}
$$

- 일의 자리 계산: ㉠$-6=3$, ㉠$=9$
- 십의 자리 계산: $10+3-$㉡$=6$, ㉡$=7$
  └ 백의 자리에서 받아내린 수
- 백의 자리 계산: $7-1-2=$㉢, ㉢$=4$
  └ 십의 자리로 받아내림한 수

비법 ⑤ 바르게 계산한 값 구하기

예 어떤 수에서 178을 빼야 할 것을 잘못하여 더하였더니 825가 되었을 때 바르게 계산한 값 구하기

어떤 수를 □라 하고 잘못 계산한 식 세우기	덧셈과 뺄셈의 관계를 이용하여 □의 값 구하기	바르게 계산한 값 구하기
□$+178=825$	$825-178=$□, □$=647$	□-178 $=647-178$ $=469$

비법 ⑥ 조건에 맞는 식 만들기

예 | 724 | 451 | 169 |

(1) 합이 가장 큰 덧셈식
⇨ $724+451=1175$
(가장 큰 수)+(둘째로 큰 수)

(2) 합이 가장 작은 덧셈식
⇨ $169+451=620$
(가장 작은 수)+(둘째로 작은 수)

(3) 차가 가장 큰 뺄셈식
⇨ $724-169=555$
(가장 큰 수)−(가장 작은 수)

(4) 차가 가장 작은 뺄셈식
$724-451=273$,
$451-169=282$
⇨ $273<282$이므로
$724-451=273$입니다.

비법 ⑦ 덧셈과 뺄셈의 활용에서 계산식 만들기

- 세 수 ■, ●, ▲의 합 ⇨ ■$+$●$+$▲
- ■에서 ●만큼 사용하고 ▲만큼 주었더니 ⇨ ■$-$●$-$▲
- ■에 ●만큼 더하고 ▲만큼 뺐더니 ⇨ ■$+$●$-$▲
- ■에서 ●만큼 덜어내고 ▲만큼 더 넣었더니 ⇨ ■$-$●$+$▲

일·등·특·강

1 덧셈과 뺄셈

- 받아내림이 한 번 있는 (세 자리 수)−(세 자리 수)
$$
\begin{array}{ccc}
& 6 & 10 \\
7 & \cancel{3} & 9 \\
-2 & 7 & 6 \\
\hline
4 & 6 & 3
\end{array}
$$
십의 자리끼리 뺄 수 없을 때에는 백의 자리에서 받아내림합니다.

- 받아내림이 두 번 있는 (세 자리 수)−(세 자리 수)
$$
\begin{array}{ccc}
5 & 13 & 10 \\
\cancel{6} & \cancel{4} & \cancel{7} \\
-1 & 7 & 8 \\
\hline
4 & 6 & 9
\end{array}
$$
각 자리끼리 뺄 수 없을 때에는 바로 윗자리에서 받아내림합니다.

- 차가 가장 작은 뺄셈식을 알아볼 때에는 가장 큰 수와 둘째로 큰 수의 차, 둘째로 큰 수와 가장 작은 수의 차를 구해 크기를 비교합니다.

- 덧셈과 뺄셈의 활용
많아질 때에는 덧셈식을 만들고, 적어질 때에는 뺄셈식을 만들어 해결합니다.

1 받아올림이 없는, 받아올림이 한 번 있는 (세 자리 수)+(세 자리 수)

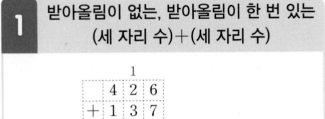

$$
\begin{array}{r}
\overset{1}{}\ 4\ 2\ 6 \\
+\ 1\ 3\ 7 \\
\hline
5\ 6\ 3
\end{array}
$$

6+7=1**3**
1+2+3=**6**
4+1=**5**

1-1 계산을 하시오.

(1)
$$
\begin{array}{r}
1\ 2\ 5 \\
+\ 4\ 7\ 3 \\
\hline
\end{array}
$$

(2)
$$
\begin{array}{r}
3\ 5\ 8 \\
+\ 2\ 1\ 9 \\
\hline
\end{array}
$$

1-2 빈 곳에 알맞은 수를 써넣으시오.

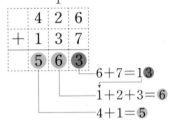

549 → +224 → ☐

1-3 계산 결과를 찾아 선으로 이어 보시오.

| 261+134 | • | • | 395 |
| 473+142 | • | • | 615 |

1-4 가장 큰 수와 가장 작은 수의 합을 구하시오.

| 436 | 259 | 385 | 532 |

( )

〔서술형〕

1-5 계산에서 잘못된 부분을 찾아 이유를 쓰고 바르게 계산하시오.

$$
\begin{array}{r}
2\ 8\ 4 \\
+\ 3\ 5\ 4 \\
\hline
5\ 3\ 8
\end{array}
\Rightarrow
\begin{array}{r}
2\ 8\ 4 \\
+\ 3\ 5\ 4 \\
\hline
\end{array}
$$

〔이유〕 _____

_____

〔창의·융합〕

1-6 곤충 박물관에 전시되어 있는 나비와 풍뎅이는 모두 몇 마리입니까?

어린이를 위한 곤충 박물관의
나비와 풍뎅이 전시회

내용: 나비 683마리, 풍뎅이 264마리
날짜: 2025년 3월 2일~5월 31일
시간: 오전 9시 30분~오후 5시

( )

2 받아올림이 두 번, 세 번 있는 (세 자리 수)+(세 자리 수)

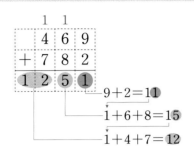

$9+2=11$
$1+6+8=15$
$1+4+7=12$

2-1 계산을 하시오.

(1)
```
    5 6 4
  + 2 7 8
```

(2)
```
    7 3 9
  + 5 6 8
```

2-2 ☐ 안에 알맞은 수를 써넣으시오.

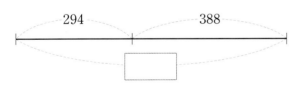

294   388

2-3 두 수의 합을 구하시오.

745   598

(   )

2-4 계산 결과의 크기를 비교하여 ◯ 안에 >, =, < 중 알맞은 것을 써넣으시오.

$567+458$ ◯ $336+675$

2-5 위의 두 수를 더해 아래의 빈 곳에 써넣으시오.

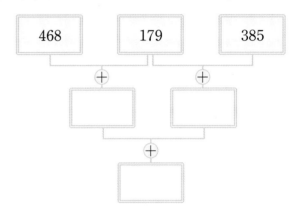

468   179   385

서술형
2-6 진서는 어제 줄넘기를 278번 했고 오늘은 어제 보다 145번 더 많이 했습니다. 진서가 오늘 한 줄넘기 횟수는 모두 몇 번인지 식을 쓰고 답을 구하시오.

식 _____

답 _____

 받아올림이 여러 번 있을 때 받아올림한 수를 빠뜨리고 계산하지 않도록 주의합니다.

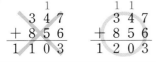

잘못된 이유 십의 자리에서 받아올림한 수를 백의 자리의 계산에 더하지 않아서 틀렸습니다.

덧셈과 뺄셈

1

3 받아내림이 없는, 받아내림이 한 번 있는 (세 자리 수)−(세 자리 수)

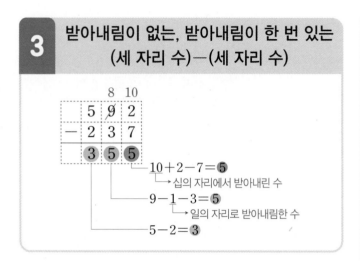

$$\begin{array}{cccc} & 8 & 10 & \\ & 5 & \cancel{9} & 2 \\ - & 2 & 3 & 7 \\ \hline & ⑤ & ⑤ & ⑤ \end{array}$$

10+2−7=**5**
→ 십의 자리에서 받아내린 수
9−1−3=**5**
→ 일의 자리로 받아내림한 수
5−2=**3**

3-1 계산을 하시오.

(1)
$$\begin{array}{r} 5\ 3\ 9 \\ -\ 2\ 1\ 4 \\ \hline \end{array}$$

(2)
$$\begin{array}{r} 8\ 5\ 0 \\ -\ 4\ 2\ 6 \\ \hline \end{array}$$

3-2 빈 곳에 알맞은 수를 써넣으시오.

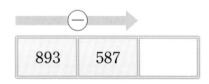

893	587	

3-3 다음이 나타내는 수보다 168만큼 더 작은 수를 구하시오.

100이 5개, 10이 6개, 1이 9개인 수

( )

3-4 계산 결과가 큰 것부터 차례로 기호를 쓰시오.

㉠ 543−219
㉡ 635−328
㉢ 754−417

( )

[3-5~3-6] 대화를 보고 물음에 답하시오.

우리 학교에서 농촌 체험에 참가한 학생은 325명이야.

우리 학교는 윤지네 학교보다 180명 적게 참가했어!

우리 학교는 211명이 참가했어.

윤지 태웅 승준

창의·융합

3-5 승준이네 학교에서 농촌 체험에 참가한 학생은 몇 명입니까?

( )

3-6 농촌 체험에 참가한 학생은 윤지네 학교가 태웅이네 학교보다 몇 명 더 많습니까?

( )

4 받아내림이 두 번 있는 (세 자리 수)−(세 자리 수)

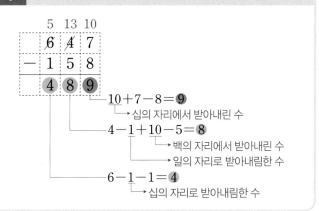

$$10+7-8=\textbf{9}$$
↳십의 자리에서 받아내린 수
$$4-1+10-5=\textbf{8}$$
↳백의 자리에서 받아내린 수
↳일의 자리로 받아내림한 수
$$6-1-1=\textbf{4}$$
↳십의 자리로 받아내림한 수

4-1 계산을 하시오.

(1)
```
    3 0 4
  − 1 2 7
```

(2)
```
    7 5 3
  − 2 8 9
```

4-2 두 수의 차를 구하시오.

724	386

(   )

4-3 빈 곳에 알맞은 수를 써넣으시오.

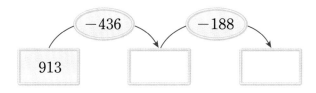

4-4 지용이는 길이가 4 m인 노끈 중에서 165 cm 를 잘라 사용했습니다. 지용이에게 남은 노끈은 몇 cm입니까?

(   )

4-5 다음 중 두 수를 골라 뺄셈식을 만들려고 합니다. □ 안에 알맞은 수를 써넣으시오.

932	378	546

□ − □ = 168

서술형

4-6 어떤 수에 195를 더했더니 452가 되었습니다. 어떤 수는 얼마인지 풀이 과정을 쓰고 답을 구하시오.

풀이 _____

_____

_____

답 _____

해결의 창 받아내림해야 하는 자리의 수가 0이어서 받아내림할 수 없으면 그 윗자리에서 받아내림하여 10으로 만든 다음 받아내림 합니다.

```
    2 10 10
    3 0 4
  − 1 6 5
    1 4 9   (X)
```

```
    2 9 10
    3 0 4
  − 1 6 5
    1 3 9
```

바른 풀이 일의 자리끼리 뺄 수 없는데 십의 자리 숫자가 0이어서 받아내림할 수 없으면 백의 자리에서 먼저 받아내림하여 십의 자리를 10으로 만듭니다. 일의 자리로 받아내림했으므로 1을 빼면 9가 됩니다.

1 덧셈과 뺄셈

응용 1 나타내는 수의 합과 차 구하기

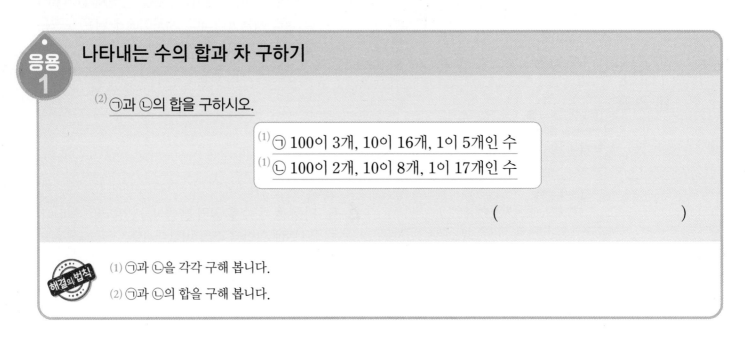

(2) ㉠과 ㉡의 합을 구하시오.

> (1) ㉠ 100이 3개, 10이 16개, 1이 5개인 수
> (1) ㉡ 100이 2개, 10이 8개, 1이 17개인 수

( )

해결의 법칙
(1) ㉠과 ㉡을 각각 구해 봅니다.
(2) ㉠과 ㉡의 합을 구해 봅니다.

예제 1-1 ㉠과 ㉡의 차를 구하시오.

> ㉠ 100이 7개 10이 2개, 1이 6개인 수
> ㉡ 100이 1개, 10이 1개, 1이 29개인 수

( )

예제 1-2 가장 큰 수와 가장 작은 수의 합을 구하시오.

> • 100이 7개, 10이 4개, 1이 23개인 수
> • 100이 6개, 10이 20개, 1이 9개인 수
> • 100이 5개, 10이 17개, 1이 8개인 수

( )

<table>
<tr><td>응용 2</td><td>덧셈식과 뺄셈식에서 알맞은 수 구하기</td></tr>
</table>

1. 덧셈과 뺄셈

⁽²⁾ 같은 모양이 같은 수를 나타낼 때 ■에 알맞은 수를 구하시오.

> ⁽¹⁾ • ●＋159＝300
> ⁽²⁾ • 255＋●＝■

(   )

(1) ▲＋◆＝★ ⇨ ★－◆＝▲를 이용하여 ●에 알맞은 수를 구해 봅니다.

(2) ■에 알맞은 수를 구해 봅니다.

예제 2-1 같은 모양이 같은 수를 나타낼 때 ■에 알맞은 수를 구하시오.

> • 327＋●＝561
> • ●－198＝■

(   )

예제 2-2 같은 모양이 같은 수를 나타낼 때 ★에 알맞은 수를 구하시오.

> • 758－●＝125
> • ■＋224＝●
> • 376＋★＝■

(   )

 응용 3

□ 안에 알맞은 수 구하기

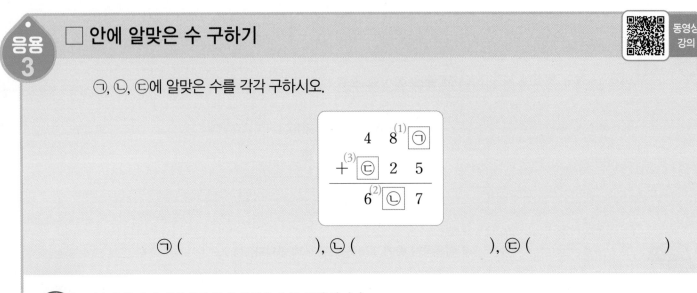

㉠, ㉡, ㉢에 알맞은 수를 각각 구하시오.

$$
\begin{array}{r}
4\ 8\ ^{(1)}\boxed{㉠}\\
+\ ^{(3)}\boxed{㉢}\ 2\ 5\\
\hline
6\ ^{(2)}\boxed{㉡}\ 7
\end{array}
$$

㉠ (   ), ㉡ (   ), ㉢ (   )

해결의 법칙

(1) 일의 자리 계산에서 ㉠에 알맞은 수를 구해 봅니다.

(2) 십의 자리 계산에서 ㉡에 알맞은 수를 구해 봅니다.

(3) 백의 자리 계산에서 ㉢에 알맞은 수를 구해 봅니다.

예제 3-1   □ 안에 알맞은 수를 써넣으시오.

$$
\begin{array}{r}
\boxed{}\ 2\ 9\\
-\ 3\ \boxed{}\ 2\\
\hline
5\ 4\ \boxed{}
\end{array}
$$

예제 3-2   □ 안에 알맞은 수를 써넣으시오.

$$
\begin{array}{r}
\boxed{}\ 7\ 3\\
-\ 1\ \boxed{}\ 7\\
\hline
3\ 4\ \boxed{}
\end{array}
$$

수 카드로 만든 수의 합과 차 구하기

동영상 강의

4장의 수 카드 2 , 4 , 1 , 6 중에서 3장을 뽑아 한 번씩만 사용하여 세 자리 수를 만들려고 합니다. (1)만들 수 있는 가장 큰 수와 가장 작은 수의/ (2)합을 구하시오.

( )

해결의 법칙

(1) 만들 수 있는 가장 큰 세 자리 수와 가장 작은 세 자리 수를 각각 구해 봅니다.

(2) 위 (1)에서 만든 두 수의 합을 구해 봅니다.

1

덧셈과 뺄셈

예제 4-1 4장의 수 카드 1 , 8 , 5 , 3 중에서 3장을 뽑아 한 번씩만 사용하여 세 자리 수를 만들려고 합니다. 만들 수 있는 가장 큰 수와 가장 작은 수의 차를 구하시오.

( )

예제 4-2 4장의 수 카드 4 , 7 , 5 , 9 중에서 3장을 뽑아 한 번씩만 사용하여 세 자리 수를 만들려고 합니다. 만들 수 있는 둘째로 큰 수와 둘째로 작은 수의 합과 차를 각각 구하시오.

합 ( )

차 ( )

 계산 결과가 가장 큰 식 만들기

⁽¹⁾다음 중 두 수를 골라 합이 가장 큰 덧셈식을 만들려고 합니다. / ⁽²⁾합이 가장 크게 될 때의 합을 구하시오.

793   458   652   574

(   )

⑴ 더하는 두 수가 클수록 합이 더 큽니다. 합이 가장 크게 나오는 두 수를 찾아봅니다.

⑵ 합이 가장 크게 될 때의 합을 구해 봅니다.

예제 5-1 다음 중 두 수를 골라 차가 가장 큰 뺄셈식을 만들려고 합니다. 차가 가장 크게 될 때의 차를 구하시오.

805   912   368   535

(   )

예제 5-2 다음 수를 한 번씩만 사용하여 계산 결과가 가장 큰 식을 만들려고 합니다. ☐ 안에 알맞은 수를 써넣고 계산 결과를 구하시오.

579   159   348

☐ + ☐ − ☐ = (   )

^{응용}
6

□ 안에 들어갈 수 있는 수 구하기

동영상
강의

(2)0부터 9까지의 수 중에서 □ 안에 들어갈 수 있는 수를 모두 구하시오.

$$^{(1)}35\square+261<615$$

( )

해결의 법칙

⑴ $35\square+261=615$일 때 □ 안에 알맞은 수를 구해 봅니다.

⑵ □ 안에 들어갈 수 있는 수를 모두 구해 봅니다.

예제 **6 – 1** 　0부터 9까지의 수 중에서 □ 안에 들어갈 수 있는 수를 모두 구하시오.

$$276+5\square 5>841$$

( )

예제 **6 – 2** 　□ 안에 들어갈 수 있는 세 자리 수 중에서 가장 작은 수를 구하시오.

$$703-\square<486$$

( )

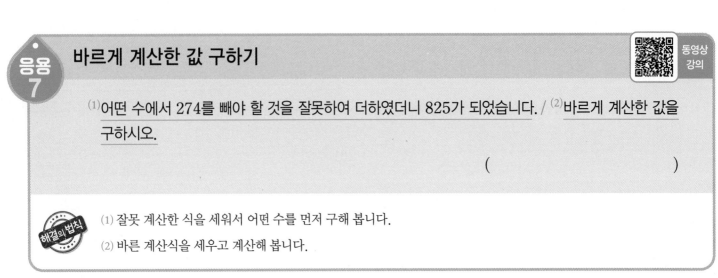

바르게 계산한 값 구하기

(1)어떤 수에서 274를 빼야 할 것을 잘못하여 더하였더니 825가 되었습니다. / (2)바르게 계산한 값을 구하시오.

( )

해결의 법칙 (1) 잘못 계산한 식을 세워서 어떤 수를 먼저 구해 봅니다.

(2) 바른 계산식을 세우고 계산해 봅니다.

예제 7-1 어떤 수에 382를 더해야 할 것을 잘못하여 뺐었더니 256이 되었습니다. 바르게 계산한 값을 구하시오.

( )

예제 7-2 대화를 읽고 바르게 계산한 값과 잘못 계산한 값의 합을 구하시오.

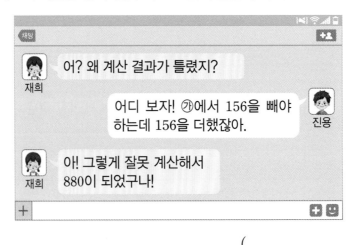

어? 왜 계산 결과가 틀렸지? (재희)

어디 보자! ㉮에서 156을 빼야 하는데 156을 더했잖아. (진용)

아! 그렇게 잘못 계산해서 880이 되었구나! (재희)

( )

응용 8 세 자리 수의 덧셈과 뺄셈의 활용

명수는 아침마다 달리기를 합니다. (1)어제 아침에는 396 m를 달렸고, 오늘 아침에는 어제보다 196 m를 더 많이 달렸습니다. / (2)명수가 어제 아침과 오늘 아침에 달린 거리는 모두 몇 m입니까?

(   )

해결의 법칙

(1) 명수가 오늘 아침에 달린 거리를 구하는 식을 세워 봅니다.

(2) 명수가 어제 아침과 오늘 아침에 달린 거리의 합을 구해 봅니다.

예제 **8 - 1** 어린이 뮤지컬 공연이 오전과 오후로 나뉘어 있습니다. 오늘 오전에 뮤지컬을 관람한 어린이는 457명이고, 오후에는 오전보다 189명 더 많이 관람하였습니다. 오늘 뮤지컬을 관람한 어린이는 모두 몇 명입니까?

(   )

예제 **8 - 2** 민수네 학교 전체 학생 수는 823명이고 그중 남학생은 365명입니다. 소윤이네 학교 전체 학생 수는 802명이고 그중 남학생은 453명입니다. 두 학교의 여학생은 모두 몇 명입니까?

(   )

3 STEP 응용 유형 뛰어넘기

받아올림이 없는 세 자리 수의 덧셈

1 사각형 안에 있는 수의 합을 구하시오.
🐴쌍둥이

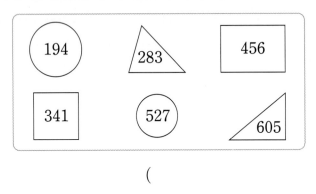

(   )

받아올림이 한 번, 받아내림이 한 번 있는 세 자리 수의 계산

2 빈 곳에 알맞은 수를 써넣으시오.
🐴쌍둥이

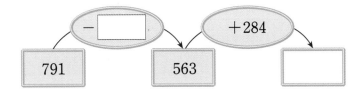

받아내림이 한 번 있는 세 자리 수의 뺄셈   창의·융합

3 농구장 바닥에서부터 림까지의 높이는 305 cm입니다.
🐴쌍둥이 그림에서 선수는 적어도 몇 cm를 점프해야 림에 닿을
수 있습니까?

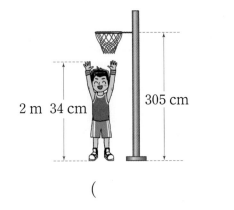

(   )

받아올림이 한 번, 받아내림이 두 번 있는 세 자리 수의 계산 창의·융합

4 윤아네 학교 학생들이 직업 체험 현장 학습을 갔습니다.
◈쌍둥이 소방관을 체험한 학생이 제빵사를 체험한 학생보다 148명
적을 때 제빵사와 소방관을 체험한 학생은 모두 몇 명입
니까? (단, 두 직업을 모두 체험한 학생은 없습니다.)

제빵사를 체험한 학생: 315명   소방관을 체험한 학생: ☐명

(   )

받아올림이 두 번 있는 세 자리 수의 덧셈

5 다음 중 두 수를 골라 합이 가장 작은 덧셈식을 만들려
◈쌍둥이 고 합니다. ☐ 안에 알맞은 수를 써넣고 합을 구하시오.
◉동영상

| 382 | 173 | 267 | 429 |

☐ + ☐ = (   )

받아내림이 두 번 있는 세 자리 수의 뺄셈

6 종이 2장에 세 자리 수를 한 개씩 써 놓았는데 한 장이
찢어져서 백의 자리 숫자만 보입니다. 두 수의 합이 824
일 때 두 수의 차를 구하시오.

526   2

(   )

1

덧셈과 뺄셈

받아올림이 두 번, 받아내림이 두 번 있는 세 자리 수의 계산

7 어린이 공원에 548명이 있었습니다. 잠시 후 266명이 더 들어오고 378명이 나갔습니다. 지금 어린이 공원에 있는 사람은 몇 명입니까?

(   )

받아올림이 두 번, 받아내림이 두 번 있는 세 자리 수의 계산 　서술형

8 범수네 학교는 남학생이 324명, 여학생이 287명입니다.
🐴쌍둥이 이 중에서 안경을 쓴 학생이 168명이라면 안경을 쓰지 않은 학생은 몇 명인지 풀이 과정을 쓰고 답을 구하시오.

(   )

풀이

받아올림이 세 번 있는 세 자리 수의 덧셈 　창의·융합

9 은솔이네 과수원과 우준이네 과수원 중 어느 과수원에
🐴쌍둥이 서 딴 과일이 더 많습니까?
▶동영상

은솔
우준
사과를 오전에 654개, 오후에 398개 땄어!
배를 오전에 595개, 오후에 437개 땄어!

(   )

받아올림이 세 번, 받아내림이 두 번 있는 세 자리 수의 계산　서술형

10
🔵 쌍둥이
▶ 동영상

어제 박물관을 방문한 사람은 그저께보다 253명 더 적고, 오늘 박물관을 방문한 사람은 어제보다 165명 더 많습니다. 오늘 박물관을 방문한 사람이 934명일 때, 그저께 박물관을 방문한 사람은 몇 명인지 풀이 과정을 쓰고 답을 구하시오.

(　　　　　　　　)

풀이

받아올림이 두 번, 받아내림이 두 번 있는 세 자리 수의 계산

11
🔵 쌍둥이
▶ 동영상

□ 안에 들어갈 수 있는 세 자리 수 중에서 가장 큰 수를 구하시오.

$$485 + \boxed{} < 667 + 283$$

(　　　　　　　　)

받아내림이 두 번 있는 세 자리 수의 계산

12

5장의 수 카드 ②, ③, ⑤, ⑧, ⓪ 중에서 3장을 뽑아 한 번씩만 사용하여 세 자리 수를 만들려고 합니다. 만들 수 있는 수 중에서 십의 자리 숫자가 0인 가장 큰 수와 일의 자리 숫자가 8인 가장 작은 수의 차를 구하시오.

(　　　　　　　　)

1

덧셈과　뺄셈

세 자리 수의 덧셈과 뺄셈

13 다음 덧셈의 결과가 모두 같을 때 ㉠과 ㉡에 알맞은 수의 합을 구하시오.

> - $186 + 483 + 291$
> - $154 + 211 + ㉠$
> - $235 + 308 + ㉡$

( )

세 자리 수의 덧셈과 뺄셈 서술형

14 ㉠에 알맞은 수를 구하는 풀이 과정을 쓰고 답을 구하시오.

🔵쌍둥이
▶동영상

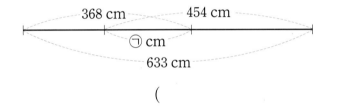

368 cm   454 cm
㉠ cm
633 cm

( )

풀이

받아내림이 한 번 있는 세 자리 수의 계산

15 같은 모양이 같은 수를 나타낼 때 ♥와 ◆에 알맞은 수의 합을 구하시오.

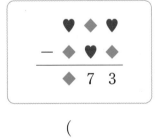

$$\begin{array}{ccc} ♥ & ◆ & ♥ \\ - ◆ & ♥ & ◆ \\ \hline ◆ & 7 & 3 \end{array}$$

( )

세 자리 수의 덧셈과 뺄셈

16 다음 식이 성립하도록 ◯ 안에 + 또는 − 를 알맞게 써 넣으시오.

❂쌍둥이

$$299 \bigcirc 199 \bigcirc 399 = 99$$

받아올림이 두 번, 받아내림이 두 번 있는 세 자리 수의 계산

17 기호 ▲에 대하여 'ⓐ▲ⓑ=ⓐ+ⓑ+ⓑ'이라고 약속할 때 다음을 계산하시오. (단, 기호 ▲를 먼저 계산합니다.)

$$378 ▲ 264 - 597$$

(   )

세 자리 수의 덧셈과 뺄셈

18 서로 다른 두 개의 세 자리 수가 있습니다. 두 수의 합은 620이고 두 수의 차는 226일 때 두 수를 각각 구하시오.

❂쌍둥이
❂동영상

```
  □ 2 □          □ 2 □
+ □ □ 7        - □ □ 7
─────────      ─────────
  6 2 0          2 2 6
```

(   ), (   )

1

덧셈과 뺄셈

1. 덧셈과 뺄셈

1 계산을 하시오.

(1)
```
   4 2 5
 + 2 3 7
```

(2)
```
   3 4 8
 + 3 9 2
```

2 계산을 하시오.

(1)
```
   7 5 0
 - 1 4 6
```

(2)
```
   8 7 3
 - 4 8 5
```

3 수 모형이 나타내는 수보다 241만큼 더 작은 수를 구하시오.

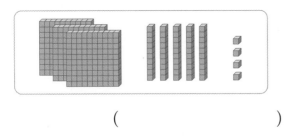

(   )

4 두 수의 합을 구하시오.

316	423

(   )

5 빈 곳에 두 수의 차를 써넣으시오.

356	934

6 가장 큰 수와 가장 작은 수의 합을 구하시오.

341	527	194	836

(   )

[서술형]

7 계산에서 <u>잘못된</u> 부분을 찾아 이유를 쓰고 바르게 계산하시오.

```
    5 4 7          ⇨        5 4 7
  − 2 8 4                 − 2 8 4
    3 6 3
```

이유 _____

_____

_____

[창의·융합]

8 진세가 신선 마트에서 산 물건값은 모두 얼마입니까?

신선 마트

품명	수량	금액
우유	1	850
사탕	1	270
합계		

영수증이 찢어졌어.

진세

(   )

9 계산 결과의 크기를 비교하여 ◯ 안에 >, =, < 중 알맞은 것을 써넣으시오.

653＋376 ◯ 497＋543

10 ☐ 안에 알맞은 수를 써넣으시오.

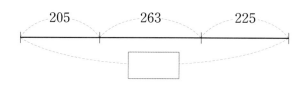

205   263   225

[창의·융합]

11 아랍에미리트에 있는 부르즈 할리파는 세계에서 가장 높은 건물입니다. 부르즈 할리파는 63빌딩보다 약 몇 m 더 높습니까?

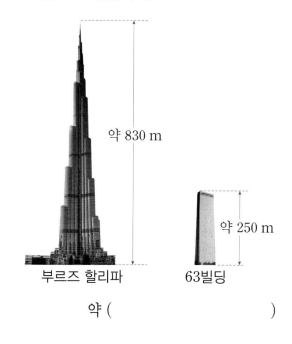

약 830 m

약 250 m

부르즈 할리파   63빌딩

약 (   )

12 빈 곳에 알맞은 수를 써넣으시오.

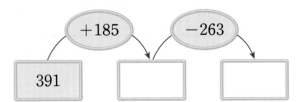

14 준서네 집에서 도서관까지 가는 길을 나타낸 것입니다. ㉮ 길과 ㉯ 길 중에서 어느 길로 가는 것이 몇 m 더 가깝습니까?

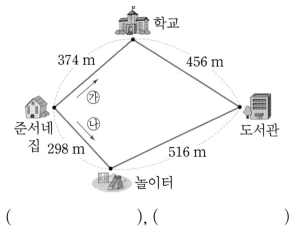

(   ), (   )

서술형

13 100이 3개, 10이 7개, 1이 5개인 수보다 268만큼 더 큰 수는 얼마인지 풀이 과정을 쓰고 답을 구하시오.

풀이 _____

_____

_____

_____

답 _____

15 3장의 수 카드 [4], [5], [9]를 한 번씩만 사용하여 만들 수 있는 세 자리 수 중에서 가장 큰 수와 가장 작은 수의 합을 구하시오.

(   )

16 □ 안에 알맞은 수를 써넣으시오.

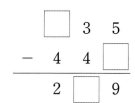

17 다음 중 두 수를 골라 차가 가장 작은 뺄셈식을 만들려고 합니다. □ 안에 알맞은 수를 써넣고 차를 구하시오.

> 806   541   625   389

□ − □ = (   )

18 □ 안에 들어갈 수 있는 세 자리 수 중에서 가장 큰 수를 구하시오.

> $750 - 284 < 803 - □$

(   )

19 길이가 5 m인 색 테이프 중에서 학급 게시판을 꾸미는 데 157 cm씩 2번 잘라서 사용했습니다. 남은 색 테이프는 몇 cm입니까?

(   )

서술형

20 어떤 수에 898을 더해야 할 것을 잘못하여 686을 더했더니 854가 되었습니다. 바르게 계산한 값은 얼마인지 풀이 과정을 쓰고 답을 구하시오.

풀이 _____

_____

_____

_____

답 _____

1

덧셈과   뺄셈

학습 게임

✿ 정답은 **10**쪽

1 수 1, 2, 3, 5를 사용하여 두 수의 합이 550이 되는 식을 2개 만들어 보시오.

(단, 주어진 수를 여러 번 사용할 수 있습니다.)

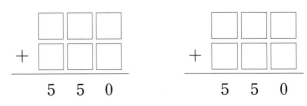

2 우준이네 학교 3학년 학생들이 줄다리기를 했습니다. 경기가 시작되자 처음에는 청팀 쪽으로 107 cm만큼 이동했다가 다시 백팀 쪽으로 1 m 60 cm만큼 이동했고, 다시 청팀 쪽으로 58 cm만큼 이동하고 경기가 끝났습니다. 청팀과 백팀 중에서 어느 팀이 이겼습니까?

(   )

2

평면도형

2. 평면도형

비법 1 도형을 바르게 읽기

• 반직선을 읽을 때에는 시작하는 점부터 읽어야 합니다.

• 각을 읽을 때에는 각의 꼭짓점이 가운데에 오도록 읽어야 합니다.

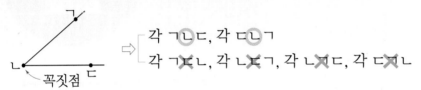

예 ㄱ   ㄴ
⇨ 선분 ㄱㄴ 또는 선분 ㄴㄱ

예 ㄱ   ㄴ
⇨ 직선 ㄱㄴ 또는 직선 ㄴㄱ

비법 2 도형을 잘못 그린 이유 알아보기

도형	잘못 그린 도형	잘못 그린 이유
각	예	반직선 2개로 그려야 하는데 굽은 선으로 그렸습니다.
직각삼각형	예	한 각이 직각이어야 하는데 직각인 각이 없습니다.
정사각형	예	네 각이 모두 직각이지만 네 변의 길이가 모두 같지는 않습니다.

• **각**: 한 점에서 그은 두 반직선으로 이루어진 도형

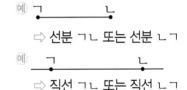

• **직각삼각형**: 한 각이 직각인 삼각형

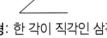

• **정사각형**: 네 각이 모두 직각이고 네 변의 길이가 모두 같은 사각형

비법 3 직사각형과 정사각형의 관계

• 직사각형은 네 변의 길이가 모두 같지는 않으므로 정사각형이라고 말할 수 없습니다.

• 정사각형은 네 각이 모두 직각이므로 직사각형이라고 말할 수 있습니다.

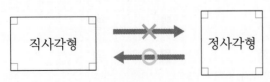

• 직사각형은 정사각형이라고 말할 수 있습니다. (×)
• 정사각형은 직사각형이라고 말할 수 있습니다. (○)

비법 ④ 직사각형과 정사각형의 네 변의 길이의 합 구하기

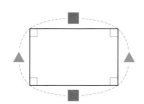

(직사각형의 네 변의 길이의 합)
=■+▲+■+▲

(정사각형의 네 변의 길이의 합)
=★+★+★+★
=★×4

비법 ⑤ 네 변의 길이의 합을 이용하여 직사각형의 한 변의 길이 구하기

① 모르는 직사각형의 가로 (또는 세로)를 □로 하여 식 만들기 ⇨ ② 식을 계산하여 □의 값 구하기

예 네 변의 길이의 합이 24 cm이고 가로가 7 cm인 직사각형의 세로
구하기
왼쪽에서 오른쪽으로 나 있는 방향 또는 그 길이   위에서 아래로 나 있는 방향 또는 그 길이

① 직사각형의 세로를 □ cm라 하면

(직사각형의 네 변의 길이의 합)=7+□+7+□=24

② 7+□+7+□=24, 14+□+□=24, □+□=10, □=5
더해서 10이 되는 같은 수 (5+5=10)

⇨ 직사각형의 세로는 5 cm입니다.

비법 ⑥ 정사각형을 이어 붙여 만든 도형의 굵은 선의 길이 구하기

예 한 변이 5 cm인 정사각형 3개를 겹치는 부분 없이 이어 붙여 만든 오른쪽 도형의 굵은 선의 길이 구하기

방법 1

(도형의 굵은 선의 길이)
=(작은 정사각형의 변 8개의 길이의 합)
=5×8=40 (cm)

방법 2

(도형의 굵은 선의 길이)
=(큰 정사각형의 네 변의 길이의 합)
=10+10+10+10=40 (cm)

• 직사각형의 성질
 ① 네 각의 크기가 모두 같습니다.
 ② 마주 보는 두 변의 길이가 서로 같습니다.

• 정사각형의 성질
 ① 네 각의 크기가 모두 같습니다.
 ② 네 변의 길이가 모두 같습니다.

2
평면도형

• 도형의 굵은 선의 길이 구하기
 방법 1 정사각형의 변 몇 개의 길이의 합과 같은지 알아보고 변의 길이의 합으로 구하기
 방법 2 변을 이동시켜 만들어지는 큰 정사각형의 네 변의 길이의 합으로 구하기

1 선분, 반직선, 직선 알아보기

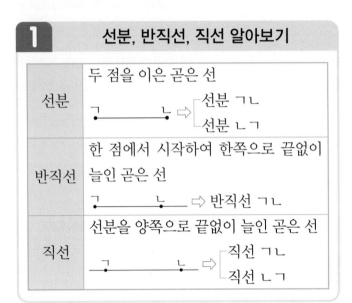

선분	두 점을 이은 곧은 선 ㄱ ———— ㄴ ⇨ 선분 ㄱㄴ 선분 ㄴㄱ
반직선	한 점에서 시작하여 한쪽으로 끝없이 늘인 곧은 선 ㄱ ———— ㄴ ⇨ 반직선 ㄱㄴ
직선	선분을 양쪽으로 끝없이 늘인 곧은 선 ㄱ ———— ㄴ ⇨ 직선 ㄱㄴ 직선 ㄴㄱ

1-1 반직선 ㄴㄱ을 찾아 ○표 하시오.

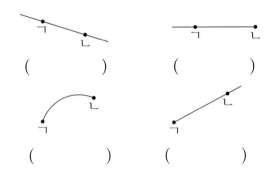

( )　　( )

( )　　( )

1-2 다음 중 직선 ㄷㄹ은 어느 것입니까?

·· ( )

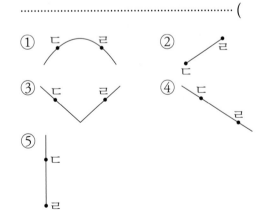

1-3 도형에 있는 선분은 모두 몇 개입니까?

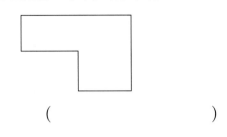

( )

1-4 주어진 점을 이용하여 다음을 그어 보시오.

선분 ㄱㄴ, 반직선 ㄷㄹ, 직선 ㅁㅂ

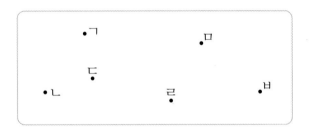

1-5 다음 도형을 보고 잘못 설명한 것을 찾아 기호를 쓰시오.

ㄴ ———————— ㄷ

> ㉠ 반직선 ㄴㄷ입니다.
> ㉡ 반직선 ㄷㄴ이라고 할 수도 있습니다.
> ㉢ 점 ㄴ에서 시작하여 점 ㄷ을 지나는 반직선입니다.
> ㉣ 한 점에서 시작하여 한쪽으로 끝없이 늘인 곧은 선입니다.

( )

2 각, 직각 알아보기

- 각: 한 점에서 그은 두 반직선으로 이루어진 도형

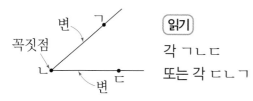

읽기

각 ㄱㄴㄷ
또는 각 ㄷㄴㄱ

- 직각: 종이를 반듯하게 두 번 접었을 때 생기는 각

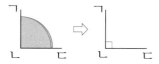

직각 ㄱㄴㄷ을 나타낼 때에는 꼭짓점 ㄴ에 ∟ 표시를 합니다.

2-1 각을 읽고, 변을 찾아 쓰시오.

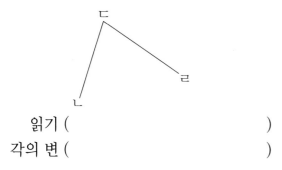

읽기 (   )

각의 변 (   )

2-2 직각을 모두 찾아 ∟ 로 표시하고 직각이 모두 몇 개인지 쓰시오.

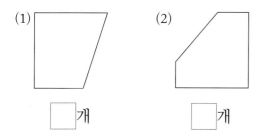

(1) ☐ 개   (2) ☐ 개

2-3 오른쪽 도형이 각이 아닌 이유를 쓰시오.

이유 _____

_____

_____

2-4 각이 가장 많은 도형을 찾아 기호를 쓰시오.

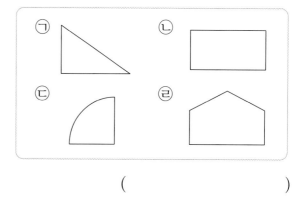

(   )

2-5 프랑스 국기는 라 트리콜로르(삼색기)라고 부릅니다. 프랑스 국기에서 찾을 수 있는 직각은 모두 몇 개입니까?

프랑스
국기 ⇨

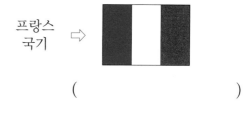

(   )

- 직각을 찾는 방법
  ① 종이를 반듯하게 두 번 접었을 때 생기는 각이 직각입니다. 이 직각을 대어 꼭 맞는 각을 찾습니다.
  ② 삼각자에는 직각이 있습니다. 삼각자의 직각 부분을 이용하여 직각을 찾습니다.

평면도형

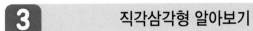
3 직각삼각형 알아보기

• 직각삼각형: 한 각이 직각인 삼각형

3-1 직각삼각형을 모두 찾아 기호를 쓰시오.

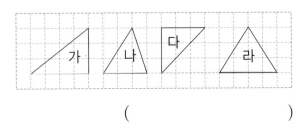

( )

3-2 주어진 선분을 한 변으로 하는 직각삼각형을 그리려면 어느 점과 이어야 합니까? … ( )

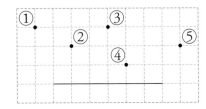

3-3 모양과 크기가 다른 직각삼각형을 2개 그려 보시오.

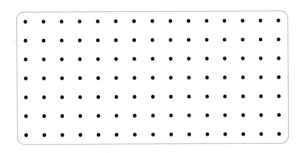

서술형

3-4 두 삼각형의 같은 점을 쓰시오.

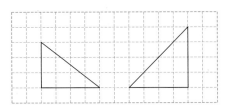

같은 점 _____

_____

_____

4 직사각형과 정사각형 알아보기

직사각형	정사각형
• 네 각이 모두 직각 • 마주 보는 변의 길이가 서로 같음	• 네 각이 모두 직각 • 네 변의 길이가 모두 같음

[4-1~4-2] 도형을 보고 물음에 답하시오.

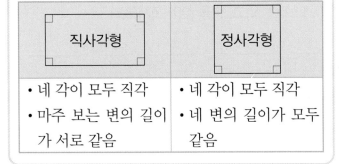

4-1 직사각형을 모두 찾아 기호를 쓰시오.

( )

4-2 정사각형을 모두 찾아 기호를 쓰시오.

( )

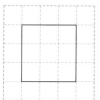

4-3 직사각형입니다. □ 안에 알맞은 수를 써넣으시오.

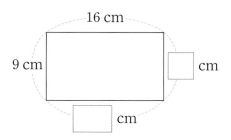

4-4 주어진 선분을 두 변으로 하는 직사각형을 각각 완성하시오.

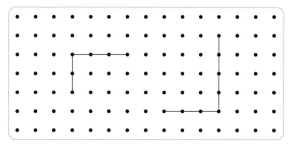

4-5 오른쪽 도형이 정사각형이 <u>아닌</u> 이유를 쓰시오.

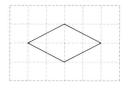

이유 _____

_____

_____

4-6 오른쪽 도형의 이름이 될 수 있는 것을 모두 찾아 기호를 쓰시오.

㉠ 정사각형　　㉡ 직사각형
㉢ 직각삼각형　㉣ 사각형

(　　　　　　　)

4-7 직사각형에 대해 바르게 설명한 것을 모두 찾아 기호를 쓰시오.

㉠ 꼭짓점이 4개 있습니다.
㉡ 네 각이 모두 직각입니다.
㉢ 직사각형은 정사각형이라고 말할 수 있습니다.

(　　　　　　　)

창의·융합

4-8 재희가 그리는 사각형의 네 변의 길이의 합은 몇 cm입니까?

한 변이 15 cm인 정사각형을 그릴 거야.

재희

(　　　　　　　)

• 직사각형과 정사각형

 ➡ 직사각형　정사각형✕
네 변의 길이가 모두 같은 것은 아니므로 정사각형이라고 말할 수 없습니다.

 ➡ 직사각형　정사각형

2
평면도형

STEP 2 응용 유형 익히기

응용 1 도형에서 선분 찾기

⁽²⁾ 두 도형에 있는 선분의 수의 합은 몇 개입니까?

⁽¹⁾ 가

나

(   )

해결의 법칙 (1) 가 도형과 나 도형에 두 점을 이은 곧은 선이 각각 몇 개 있는지 구해 봅니다.
(2) 두 도형에 있는 선분의 수의 합을 구해 봅니다.

예제 1-1 두 도형에 있는 선분의 수의 차는 몇 개입니까?

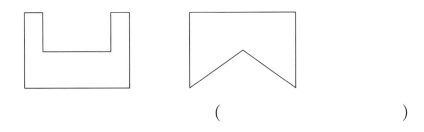

(   )

예제 1-2 선분의 수가 가장 많은 도형과 가장 적은 도형의 선분의 수의 차는 몇 개입니까?

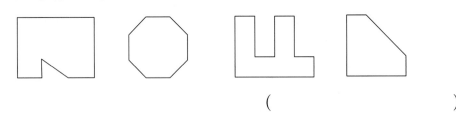

(   )

응용 2 도형에서 직각 찾기

다음 도형에서 ⁽²⁾직각은 모두 몇 개입니까?

(1)
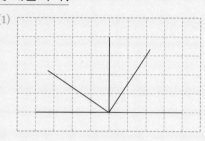

(   )

(1) 위 도형에서 직각을 모두 찾아 ⌐ 로 나타내어 봅니다.

(2) 위 도형에서 직각은 모두 몇 개인지 세어 봅니다.

예제 2-1 다음 도형에서 직각을 모두 찾아 읽어 보시오.

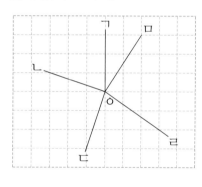

(   )

예제 2-2 오른쪽 도형에서 찾을 수 있는 직각은 모두 몇 개입니까?

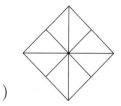

(   )

응용 3 그을 수 있는 직선, 반직선의 수 알아보기

(2) 4개의 점 중 2개의 점을 지나는 직선은 모두 몇 개 그을 수 있습니까?

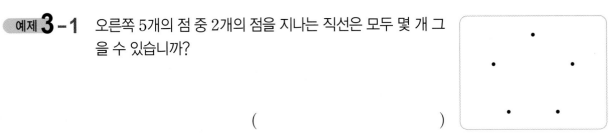

(   )

해결의 법칙

(1) 점 ㄱ과 다른 한 점을 지나는 직선은 몇 개 그을 수 있는지 알아봅니다.

(2) 4개의 점 중 2개의 점을 지나는 직선은 모두 몇 개 그을 수 있는지 구해 봅니다.

예제 3-1 오른쪽 5개의 점 중 2개의 점을 지나는 직선은 모두 몇 개 그을 수 있습니까?

(   )

예제 3-2 오른쪽 3개의 점 중 2개의 점을 이어서 그을 수 있는 반직선은 모두 몇 개입니까?

(   )

참고 여러 개의 도형이 합쳐져서 평면도형이 되는 경우도 세도록 합니다.

응용 4

크고 작은 도형의 개수 알아보기

동영상 강의

오른쪽 도형에서 찾을 수 있는 ⁽²⁾크고 작은 직각삼각형은 모두 몇 개입니까?

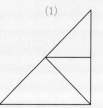
(1)

(   )

해결의 법칙

⑴ 삼각형 1개, 2개, 3개로 이루어진 직각삼각형이 각각 몇 개인지 찾아봅니다.

⑵ 크고 작은 직각삼각형은 모두 몇 개인지 구해 봅니다.

예제 **4**–**1** 오른쪽 도형에서 찾을 수 있는 크고 작은 정사각형은 모두 몇 개입니까?

(   )

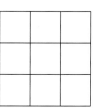

예제 **4**–**2** 다음 도형에서 찾을 수 있는 크고 작은 직사각형은 모두 몇 개입니까?

(   )

2

평면도형

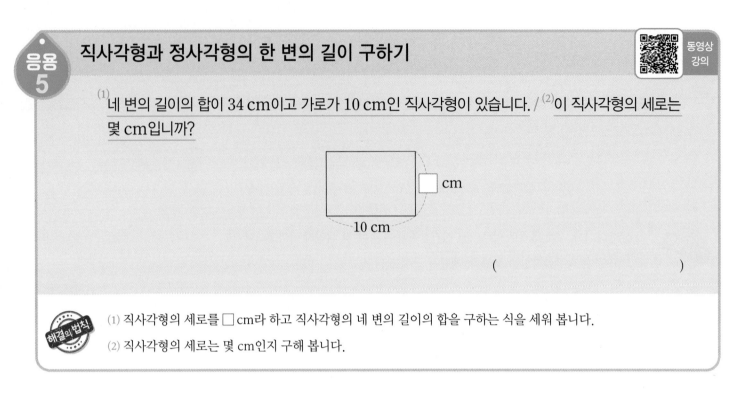

응용 5 직사각형과 정사각형의 한 변의 길이 구하기

(1)네 변의 길이의 합이 34 cm이고 가로가 10 cm인 직사각형이 있습니다. /(2)이 직사각형의 세로는 몇 cm입니까?

( )

해결의 법칙 (1) 직사각형의 세로를 ☐ cm라 하고 직사각형의 네 변의 길이의 합을 구하는 식을 세워 봅니다.

(2) 직사각형의 세로는 몇 cm인지 구해 봅니다.

예제 5-1 네 변의 길이의 합이 120 m이고 가로가 38 m인 직사각형 모양의 밭이 있습니다. 이 밭의 세로는 몇 m입니까?

( )

예제 5-2 직사각형 가와 정사각형 나의 네 변의 길이의 합은 같습니다. 정사각형의 한 변은 몇 cm입니까?

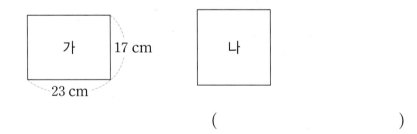

( )

응용 6 정사각형의 활용

동영상 강의

한 변이 6 cm인 정사각형 5개를 겹치는 부분 없이 이어 붙여 만든 도형입니다. ⁽²⁾만든 도형에서 굵은 선의 길이는 몇 cm입니까?

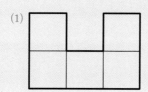

(1)

(   )

해결의 법칙!

(1) 굵은 선의 길이는 정사각형의 변 몇 개의 길이의 합과 같은지 알아봅니다.

(2) 굵은 선의 길이는 몇 cm인지 구해 봅니다.

2 평면도형

예제 6-1 한 변이 7 cm인 정사각형 5개를 겹치는 부분 없이 이어 붙여 만든 도형입니다. 만든 도형에서 굵은 선의 길이는 몇 cm입니까?

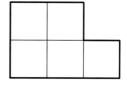

(   )

예제 6-2 똑같은 정사각형 4개를 겹치는 부분 없이 이어 붙여 만든 도형입니다. 만든 도형에서 굵은 선의 길이가 40 cm일 때 정사각형 한 개의 네 변의 길이의 합은 몇 cm입니까?

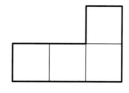

(   )

3 STEP 응용 유형 뛰어넘기

직각삼각형 알아보기

1 직각삼각형에 대한 설명으로 옳은 것을 모두 찾아 기호

🏀쌍둥이 를 쓰시오.

> ㉠ 3개의 선분으로 둘러싸여 있습니다.
> ㉡ 꼭짓점이 1개 있습니다.
> ㉢ 각이 3개 있습니다.
> ㉣ 직각이 3개 있습니다.

(   )

직각삼각형 알아보기

창의·융합

2 칠교놀이는 정사각형 모양을 7개의 조

🏀쌍둥이 각으로 나누고 이 조각들을 이용하여 여
러 가지 모양을 만들며 노는 놀이입니
다. 7개의 조각을 모두 사용하여 직각삼
각형을 만들어 보시오.

반직선과 직선의 다른 점 알아보기

서술형

3 대화를 보고 준기가 어떻게 이야기할지 빈칸에 쓰시오.

🏀쌍둥이

유연

반직선과 직선의 다른 점에 대해
이야기해 봐.

준기

도형에서 직각 찾아보기

4 세 도형에서 찾을 수 있는 직각은 모두 몇 개입니까?

🔄쌍둥이

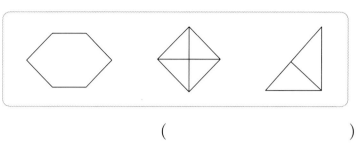

(   )

직각삼각형 알아보기

5 다음과 같은 직각삼각형 모양의 종이를 잘라서 직각삼각형을 4개 만들려고 합니다. 어떻게 잘라야 하는지 선분을 3개 그어 보시오.

정사각형 알아보기

6 네 변의 길이의 합이 20 cm인 정사각형을 그려 보시오.

1 cm
1 cm

반직선 알아보기

7 4개의 점 중 2개의 점을 이어서 그을 수 있는 반직선은
🔵쌍둥이 모두 몇 개입니까?
▶동영상

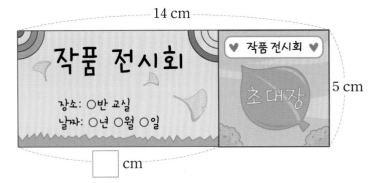

(   )

직사각형과 정사각형 알아보기 　　　　　창의·융합

8 동훈이는 직사각형 모양의 초대장을 다음과 같이 만들
🔵쌍둥이 었습니다. 초대장에서 빨간색 선으로 된 사각형은 정사
▶동영상 각형 모양입니다. □ 안에 알맞은 수를 써넣으시오.

14 cm

작품 전시회
장소: ○반 교실
날짜: ○년 ○월 ○일

♥ 작품 전시회 ♥
초대장

5 cm

□ cm

직사각형과 정사각형의 활용

9 다음과 같은 직사각형 모양의 포장지를 잘라 한 변이
5 cm인 정사각형을 만들려고 합니다. 정사각형을 몇 개
까지 만들 수 있습니까?

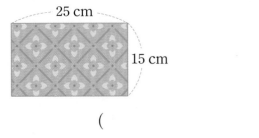

25 cm

15 cm

(   )

직사각형 찾아보기

10 크기가 같은 정사각형 9개를 겹치는 부
분 없이 이어 붙여 만든 도형입니다. 이
도형에서 찾을 수 있는 크고 작은 직사
각형은 모두 몇 개입니까?

쌍둥이
동영상

(   )

정사각형의 이해   서술형

11 길이가 1 m인 철사를 사용하여 한 변이 6 cm인 정사각
형을 겹치는 부분 없이 만들려고 합니다. 이 정사각형을
몇 개까지 만들 수 있는지 풀이 과정을 쓰고 답을 구하
시오.

쌍둥이
동영상

풀이

(   )

2

평면도형

직사각형과 정사각형의 활용

12 직사각형 모양의 종이를 그림과 같이 접었을 때 사각형
ㅁㅂㄷㄹ의 네 변의 길이의 합은 몇 cm입니까?

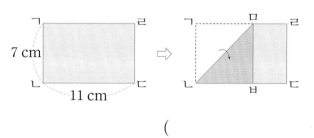

(   )

3 STEP 응용 유형 뛰어넘기

직사각형과 정사각형의 활용

13 한 변이 15 cm인 정사각형과 세로가 9 cm인 직사각형
쌍둥이 이 있습니다. 정사각형과 직사각형의 네 변의 길이의 합
이 같다면 직사각형의 가로는 몇 cm입니까?

(   )

정사각형 알아보기

14 한 변이 6 cm인 정사각형 6개를 겹치는 부분 없이 이어
붙여 만든 도형입니다. 만든 도형에서 굵은 선의 길이는
몇 cm입니까?

(   )

직사각형과 정사각형의 활용

15 직사각형 모양의 종이를 정사각형 8개로 자르기 위해
다음과 같이 선분을 그었습니다. 처음 직사각형 모양의
종이의 네 변의 길이의 합은 몇 cm입니까?

2 cm

(   )

직각삼각형 찾아보기

16 도형에서 찾을 수 있는 크고 작은 직각삼각형은 모두 몇 개입니까?

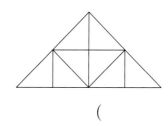

(   )

직사각형과 정사각형의 활용

17 똑같은 직사각형 3개를 겹치는 부분 없이 이어 붙여 오른쪽과 같은 정사각형을 만들었습니다. 이어 붙인 직사각형한 개의 네 변의 길이의 합이 40 cm일 때 정사각형의 네 변의 길이의 합은 몇 cm입니까?

(   )

직사각형과 정사각형의 활용   서술형

18 사각형 ㄱㅁㅂㅅ과 사각형 ㅅㅇㄷㄹ은 정사각형입니다. 직사각형 ㅁㄴㅇㅂ의 네 변의 길이의 합은 몇 cm인지 풀이 과정을 쓰고 답을 구하시오.

16 cm

28 cm

(   )

풀이

1 직선 ㄱㄴ을 찾아 기호를 쓰시오.

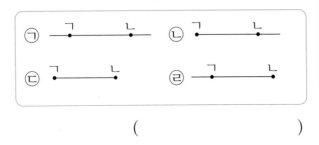

(   )

2 직사각형이 <u>아닌</u> 것을 찾아 ×표 하시오.

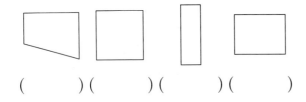

(   ) (   ) (   ) (   )

3 반직선 ㄹㄷ을 그어 보시오.

ㄷ   ㄹ

4 각을 찾아 기호를 쓰시오.

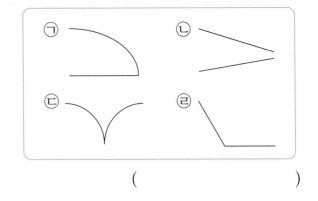

(   )

5 삼각자를 이용하여 주어진 선분을 한 변으로 하는 직각삼각형을 그려 보시오.

6 다음은 희지네 집의 일부를 그린 것입니다. 희지의 방의 모양으로 알맞은 것을 모두 찾아 기호를 쓰시오.

┌─────────────────────────────┐
│ ㉠ 사각형   ㉡ 직사각형   │
│ ㉢ 직각삼각형   ㉣ 정사각형   │
└─────────────────────────────┘

(   )

7 오른쪽 도형이 직각삼각형이 아닌 이유를 쓰시오.

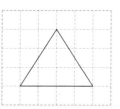

[이유] _____

_____

_____

8 꼭짓점 ㄱ의 위치를 옮겨서 삼각형 ㄱㄴㄷ을 직각삼각형으로 만들려고 합니다. 꼭짓점 ㄱ을 어느 곳으로 옮겨야 합니까? ·············· (   )

9 종이를 접어 만든 밤 모양입니다. 직각이 모두 몇 개 있습니까?

(   )

10 정사각형에 대한 틀린 설명을 찾아 기호를 쓰시오.

┌───────────────────────────────┐
│ ㉠ 네 변의 길이가 모두 같습니다.   │
│ ㉡ 정사각형의 크기는 모두 같습니다.   │
│ ㉢ 직사각형이라고 말할 수 있습니다.   │
└───────────────────────────────┘

(   )

2

평면도형

11 한 변이 30 cm인 정사각형 모양의 바둑판이 있습니다. 이 바둑판의 네 변의 길이의 합은 몇 cm 입니까?

(   )

서술형

12 두 사각형의 같은 점을 2가지 쓰시오.

같은 점 1 _____

_____

같은 점 2 _____

_____

13 시계의 긴바늘과 짧은바늘이 이루는 각이 직각인 시각을 모두 찾아 기호를 쓰시오.

⊙ 3시   ⓛ 7시   ⓒ 9시   ⓔ 11시

(   )

14 4개의 점 중 3개의 점을 골라 각을 그리려고 합니다. 점 ㄱ을 꼭짓점으로 하는 각은 모두 몇 개 그릴 수 있습니까?

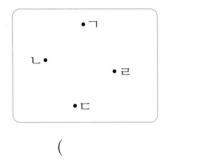

(   )

서술형

15 다음 직사각형과 정사각형의 네 변의 길이의 합은 같습니다. 정사각형의 한 변은 몇 cm인지 풀이 과정을 쓰고 답을 구하시오.

7 cm

11 cm

풀이 _____

_____

_____

_____

답 _____

16 길이가 82 cm인 철사를 남김없이 사용하여 가로가 26 cm인 직사각형을 한 개 만들었습니다. 만든 직사각형의 세로는 몇 cm입니까?

(   )

17 도형에서 찾을 수 있는 크고 작은 직사각형은 모두 몇 개입니까?

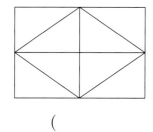

(   )

18 크기가 같은 직사각형 모양의 종이 4장을 겹치는 부분 없이 이어 붙여서 다음 정사각형을 만들었습니다. 이 정사각형의 네 변의 길이의 합은 몇 cm입니까?

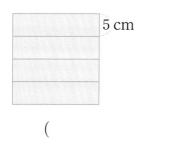

5 cm

(   )

19 도형에서 찾을 수 있는 크고 작은 직각삼각형은 모두 몇 개입니까?

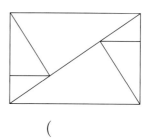

(   )

20 다음과 같은 직각삼각형 모양의 타일을 사용하여 한 변의 길이가 24 cm인 정사각형 모양의 벽을 겹치지 않게 빈틈없이 덮으려고 합니다. 직각삼각형 모양의 타일은 적어도 몇 개 필요합니까?

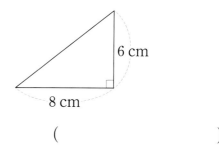

6 cm

8 cm

(   )

2

평면도형

✿정답은 **20**쪽

1 정사각형 모양의 색종이를 그림과 같이 3번 접은 다음 다시 펼쳤습니다. 이때 접어
서 생긴 선을 따라 자르면 어떤 도형이 몇 개 생깁니까?

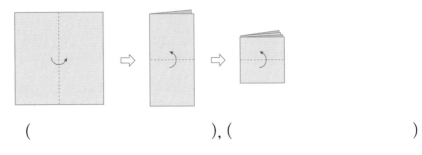

(   ), (   )

2 일정한 간격으로 점이 찍힌 점 종이에 주어진 선분을 한 변으로 하는 직각삼각형을
그리려고 합니다. 그릴 수 있는 직각삼각형은 모두 몇 개입니까? (단, 직각삼각형의
꼭짓점 3개는 모두 점 종이의 점이 되고 모양과 크기가 같아도 위치가 다르면 다른
것으로 생각합니다.)

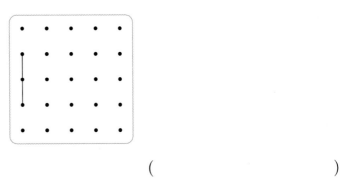

(   )

3

나눗셈

● 학습계획표
　계획표대로 공부했으면 ○표, 못했으면 △표 하세요.

비법 1 나눗셈을 이용하는 경우

(1) ■를 ●묶음으로 똑같이 나눌 때 한 묶음 안의 수 구하기

예 구슬 10개를 2명에게 똑같이 나누어 주면 한 명에게 몇 개씩 줄 수 있을까요?

나눗셈식: 10÷2＝5 ⇨ 한 명에게 5개씩 줄 수 있습니다.

(2) ■를 ●씩 묶었을 때 묶음의 수 구하기

예 구슬 10개를 한 명에게 2개씩 주면 몇 명에게 나누어 줄 수 있을까요?

나눗셈식: 10÷2＝5 ⇨ 5명에게 나누어 줄 수 있습니다.

비법 2 ■÷●의 몫을 곱셈구구로 구하기

| 나누는 수의 단 곱셈구구 찾기 | — ●단 곱셈구구 ┌ 나누는 수 |

⇩

| 곱이 나누어지는 수가 되는 곱셈식 찾기 | — ●×▲＝■ ┌ 나누어지는 수 |

⇩

| 곱셈식을 보고 나눗셈의 몫을 구하기 | — ■÷●＝▲ |

비법 3 나누는 수 구하기

예 32÷□＝4에서 □ 구하기

| 나눗셈식을 곱셈식으로 바꾸기 | ⇨ | 곱셈구구에서 곱이 32가 되는 □ 구하기 |

32÷□＝4 → □×4＝32   8×4＝32 → □＝8

• 나눗셈식 알아보기

예 10÷2＝5

읽기 10 나누기 2는 5와 같습니다.

10÷2＝5
나누어지는 수 ┘ └ 나누는 수 └ 몫

• 뺄셈식을 이용하여 나눗셈식으로 나타내기

10－2－2－2－2－2＝0
0이 될 때까지 2를 뺀 횟수: 5번

⇨ 10÷2＝5
전체의 수 ┘ 빼는 수 ┘ └ 뺀 횟수

• 30÷5의 몫을 곱셈구구로 구하기

① 5단 곱셈구구에서 곱이 30인 곱셈식을 찾습니다.

×	1	2	3	4	5	6
1	1	2	3	4	5	6
2	2	4	6	8	10	12
3	3	6	9	12	15	18
4	4	8	12	16	20	24
5	5	10	15	20	25	30
6	6	12	18	24	30	36

⇨ 5×6＝30

② ①에서 찾은 곱셈식을 보고 나눗셈의 몫을 구합니다.

5×6＝30 ⇨ 30÷5＝6

비법 ④ 어떤 수 구하기

㉠ 어떤 수를 3으로 나누었더니 몫이 9가 되었을 때 어떤 수 구하기
　　　□　　　÷3　　　=9

어떤 수를 □로 하여 식 만들기	⇨	곱셈과 나눗셈의 관계를 이용하여 곱셈식으로 바꾸기	⇨	어떤 수 구하기
□÷3=9		3×9=□		□=27

비법 ⑤ 길 양쪽에 심은 나무 수 구하기

㉠ 길이가 45 m인 길 양쪽에 처음부터 끝까지 9 m 간격으로 나무를 심었을 때 심은 나무 수 구하기

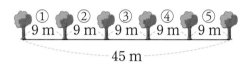

(길 한쪽의 간격 수)
=45÷9=5(군데)

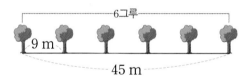

(길 한쪽에 심은 나무 수)
=5+1=6(그루)
└ 간격 수

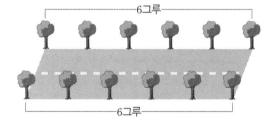

(길 양쪽에 심은 나무 수)
=6×2=12(그루)
↑
도로 한쪽에 심은 나무 수

비법 ⑥ 일정한 시간 동안 만드는 물건 수 구하기

㉠ 일정한 빠르기로 6시간 동안 물건 42개를 만드는 기계가 8시간 동안 만드는 물건 수 구하기

한 시간 동안 만드는 물건 수 구하기	⇨	8시간 동안 만드는 물건 수 구하기
(한 시간 동안 만드는 물건 수) =42÷6=7(개)		(8시간 동안 만드는 물건 수) =7×8=56(개) ↑ 한 시간 동안 만드는 물건 수

• 곱셈식을 나눗셈식으로 나타내기

●×▲=■ ＜ ■÷●=▲
　　　　　 ■÷▲=●

• 나눗셈식을 곱셈식으로 나타내기

■÷●=▲ ＜ ●×▲=■
　　　　　 ▲×●=■

• 길 양쪽에 심은 나무 수 구하기
　① (간격 수)
　　=(전체 거리)
　　　÷(나무와 나무 사이의 거리)
　② (길 한쪽에 심은 나무 수)
　　=(간격 수)+1
　③ (길 양쪽에 심은 나무 수)
　　=(길 한쪽에 심은 나무 수)×2

3

나눗셈

• 일정한 시간 동안 만드는 물건 수 구하기
　① (한 시간 동안 만드는 물건 수)
　　= (만든 물건 수)÷(만든 시간)
　② (■시간 동안 만드는 물건 수)
　　=(한 시간 동안 만드는 물건 수)
　　　×■

1 똑같이 나누기 (1)

구슬 6개를 바구니 2개에 똑같이 나누어 담으면 한 바구니에 3개씩 담을 수 있습니다.

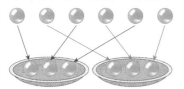

나누어지는 수 ┐ ┌ 몫
⇨ $6 \div 2 = 3$
└ 나누는 수

1-1 사과 8개를 접시 2개에 똑같이 나누어 놓으려고 합니다. ☐ 안에 알맞은 수를 써넣으시오.

한 접시에 사과를 ☐ 개씩 놓을 수 있습니다.

1-2 빵 14개를 2명이 똑같이 나누어 가지려고 합니다. 한 명이 빵을 몇 개씩 가지면 됩니까?

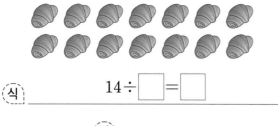

식 $14 \div ☐ = ☐$

답 _____

1-3 다음은 나눗셈식 $40 \div 8 = 5$를 나타낸 문장입니다. ☐ 안에 알맞은 수를 써넣으시오.

지우개 ☐ 개를 8명이 똑같이 나누어

가지려면 한 명이 ☐ 개씩 가지면 됩니다.

1-4 자두 36개를 9명이 똑같이 나누어 먹으려고 합니다. 한 명이 자두를 몇 개씩 먹을 수 있습니까?

(   )

2 똑같이 나누기 (2)

· 구슬 6개를 2개씩 묶으면 3묶음입니다.

나누어지는 수 ┐ ┌ 몫
⇨ $6 \div 2 = 3$
└ 나누는 수

· 6에서 2를 3번 빼면 0이 됩니다.

$6 - 2 - 2 - 2 = 0$ ⇨ $6 \div 2 = ③$
    └─ 3번 ─┘   빼는 수 ┘ └ 뺀 횟수   ┌ 전체의 수

[창의·융합]

2-1 하은이와 엄마의 대화를 읽고 필요한 봉지는 몇 장인지 ☐ 안에 알맞은 수를 써넣으시오.

 와! 과자가 15개나 있어요.   한 봉지에 5개씩 담자.

하은   엄마

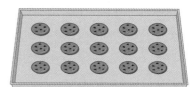

뺄셈식 $15 - 5 - 5 - 5 = ☐$

나눗셈식 $15 \div 5 = ☐$

답 ☐ 장

2-2 축구공 12개를 한 상자에 3개씩 담으려고 합니다. 몇 상자가 필요한지 축구공을 3개씩 묶어서 알아보시오.

 ⇨ ☐ 상자

2-3 길이가 42 cm인 엿을 6 cm씩 자르면 엿은 몇 도막이 됩니까?

(식) 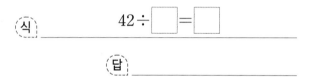 42÷☐=☐

(답) _____

2-4 나눗셈식 35÷7=5와 관계있는 것을 찾아 기호를 쓰시오.

> ㉠ 35−7−7−7−7−7=5로 나타낼 수 있습니다.
> ㉡ 35를 5로 나눈 몫은 7입니다.
> ㉢ 아몬드 35개를 한 명에게 7개씩 주면 5명에게 나누어 줄 수 있습니다.

(_____)

---

3 똑같이 나누기 (3)

방법 1 사과 8개를 2명에게 똑같이 나누어 주기

2묶음으로 똑같이 묶으면 한 묶음에 4개씩이므로 한 명에게 8÷2=4(개)씩 줄 수 있습니다.

방법 2 사과 8개를 한 명에게 2개씩 주기

2개씩 묶으면 4묶음이므로 8÷2=4(명)에게 나누어 줄 수 있습니다.

3-1 귤 16개를 똑같이 나누어 주려고 합니다. 물음에 답하시오.

(1) 2명에게 똑같이 나누어 주면 한 명에게 몇 개씩 줄 수 있는지 귤을 알맞게 묶어서 알아보시오.

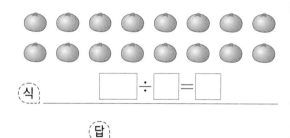

(식) ☐÷☐=☐

(답) _____

(2) 한 명에게 2개씩 주면 몇 명에게 나누어 줄 수 있는지 귤을 알맞게 묶어서 알아보시오.

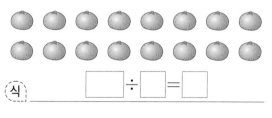

(식) ☐÷☐=☐

(답) _____

 • 나눗셈식 8÷2=4를 이해하기

(1) 8개를 2묶음으로 똑같이 묶기

 8÷2=4
⇨ 몫: 한 묶음 안의 수

(2) 8개를 2개씩 묶기

 8÷2=4
⇨ 몫: 묶음 수

4 곱셈과 나눗셈의 관계

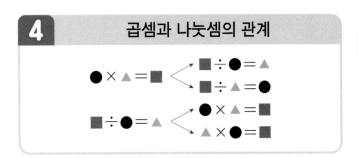

4-1 나눗셈식을 곱셈식으로 나타내시오.

$$56 \div 8 = 7$$

$$\square \times \square = \square$$

$$\square \times \square = \square$$

4-2 곱셈식을 나눗셈식으로 나타내시오.

$$6 \times 7 = 42$$

$$\square \div \square = \square$$

$$\square \div \square = \square$$

창의·융합

4-3 서율이와 영훈이의 대화를 읽고 □ 안에 알맞은 수를 써넣으시오.

 서율: 도넛 24개를 8명에게 똑같이 나누어 주면 한 명에게 □개씩 줄 수 있어.

$$24 \div 8 = \square$$

도넛 24개를 한 명에게 □개씩 주면 8명에게 나누어 줄 수 있어. 영훈

$$24 \div \square = \square$$

5 나눗셈의 몫을 곱셈식으로 구하기

곱셈식에서 곱하는 수를 찾아 나눗셈의 몫을 구할 수 있습니다.

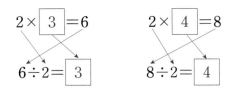

$$2 \times \boxed{3} = 6 \qquad 2 \times \boxed{4} = 8$$

$$6 \div 2 = \boxed{3} \qquad 8 \div 2 = \boxed{4}$$

5-1 관계있는 것끼리 선으로 이어 보시오.

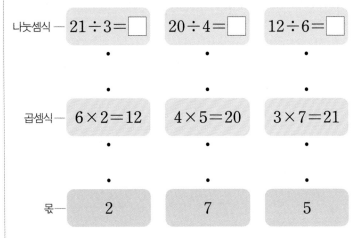

나눗셈식 — $21 \div 3 = \square$ $20 \div 4 = \square$ $12 \div 6 = \square$

곱셈식 — $6 \times 2 = 12$ $4 \times 5 = 20$ $3 \times 7 = 21$

몫 — 2 7 5

5-2 나눗셈의 몫을 곱셈식으로 구하시오.

(1) $36 \div 4 = \square \Rightarrow 4 \times \square = 36$

(2) $48 \div 6 = \square \Rightarrow 6 \times \square = 48$

5-3 해찬이는 요구르트를 45개 샀습니다. 요구르트가 한 묶음에 5개씩일 때 해찬이가 산 요구르트는 모두 몇 묶음입니까?

나눗셈식  $45 \div 5 = \square$

곱셈식  $5 \times \square = 45$

답 _____

5-4 서술형

$72 \div 9$의 몫을 9×8을 이용하여 구하는 방법을 설명해 보시오.

_____

_____

_____

6 나눗셈의 몫을 곱셈구구로 구하기

- ■÷●의 몫 구하기
  ① ●단 곱셈구구에서 곱이 ■가 되는 곱셈식 찾기
  ② ● × ▲ = ■ ⇨ ■ ÷ ● = ▲
  └ 몫

6-1 나눗셈의 몫을 구하시오.

(1) $32 \div 8 = \boxed{}$

(2) $54 \div 9 = \boxed{}$

6-2 나눗셈의 몫을 찾아 선으로 이어 보시오.

- 5

$45 \div 9$ •

- 6

$49 \div 7$ •

- 7

6-3 나눗셈의 몫이 큰 순서대로 기호를 쓰시오.

⊙ $24 \div 6$ ⓒ $27 \div 3$
ⓒ $30 \div 5$ ⓔ $63 \div 9$

(   )

6-4 서술형

한자 카드 한 장에는 한자가 8자씩 적혀 있습니다. 한자 40자를 공부하려면 한자 카드를 몇 장 공부해야 하는지 식을 쓰고 답을 구하시오.

나눗셈식 _____

답 _____

6-5 야구공 35개를 똑같이 나누어 담으려고 합니다. 물음에 답하시오. (단, 야구공을 한 상자에 1개보다 많이 담습니다.)

(1) 야구공을 한 상자에 5개씩 나누어 담으려면 몇 상자가 필요합니까?

식 $35 \div 5 = \boxed{}$

답 _____

(2) 야구공을 한 상자에 5개가 아닌 수만큼씩 담으려면 몇 상자가 필요합니까?

식 $35 \div \boxed{} = \boxed{}$

답 _____

3 나눗셈

해결의 창

- 곱셈식을 나눗셈식 2개로 나타내기

- 나눗셈식을 곱셈식 2개로 나타내기

2 STEP 응용 유형 익히기

응용 1

나눗셈식에서 □ 구하기

(2) □ 안에 알맞은 수가 가장 큰 것의 기호를 쓰시오.

(1) ㉠ $56 \div \square = 8$

㉡ $\square \div 3 = 2$

㉢ $32 \div 4 = \square$

(   )

해결의 법칙

(1) ■÷●=▲ ⇨ ●×▲=■를 이용하여 ㉠, ㉡, ㉢의 □ 안에 알맞은 수를 각각 구해 봅니다.

(2) □ 안에 알맞은 수의 크기를 비교해 봅니다.

예제 1-1 □ 안에 알맞은 수가 작은 순서대로 기호를 쓰시오.

㉠ $27 \div 3 = \square$ ㉡ $42 \div \square = 7$

㉢ $\square \div 6 = 4$ ㉣ $72 \div 9 = \square$

(   )

예제 1-2 ■의 값을 구하시오. (단, 같은 모양은 같은 수를 나타냅니다.)

$63 \div \bullet = 7$

$\star \div 6 = 6$

$\star \div \blacksquare = \bullet$

(   )

응용 2 정사각형 만들기

동영상 강의

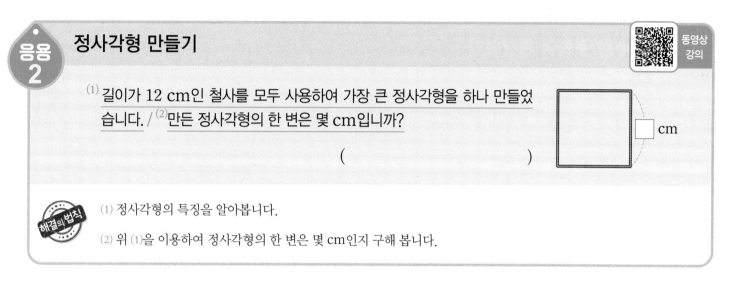

(1) 길이가 12 cm인 철사를 모두 사용하여 가장 큰 정사각형을 하나 만들었습니다. / (2) 만든 정사각형의 한 변은 몇 cm입니까?

(   )

해결의 법칙

(1) 정사각형의 특징을 알아봅니다.

(2) 위 (1)을 이용하여 정사각형의 한 변은 몇 cm인지 구해 봅니다.

예제 2-1 길이가 80 cm인 철사를 네 도막으로 똑같이 나눈 다음 그중 한 도막을 모두 사용하여 가장 큰 정사각형을 하나 만들었습니다. 만든 정사각형의 한 변은 몇 cm입니까?

(   )

예제 2-2 다음과 같은 직사각형 모양의 종이를 잘라 한 변이 5 cm인 정사각형을 만들려고 합니다. 정사각형을 몇 개까지 만들 수 있습니까?

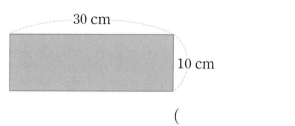

(   )

3

나눗셈

 응용 3 **어떤 수를 구하여 계산하기**

(1) 어떤 수를 2로 나누었더니 몫이 9가 되었습니다. / (2) 어떤 수를 6으로 나눈 몫을 구하시오.

(   )

해결의 법칙 (1) 어떤 수를 □라 하여 식을 세우고 곱셈과 나눗셈의 관계를 이용하여 어떤 수를 구해 봅니다.
(2) 어떤 수를 6으로 나눈 몫을 구해 봅니다.

예제 3-1 어떤 수를 4로 나누었더니 몫이 6이 되었습니다. 어떤 수를 3으로 나눈 몫을 구하시오.

(   )

예제 3-2 어떤 수를 9로 나누었더니 몫이 4가 되었습니다. 어떤 수를 6으로 나눈 몫을 구하시오.

(   )

예제 3-3 어떤 수를 3으로 나누어야 할 것을 잘못하여 곱하였더니 27이 되었습니다. 바르게 계산한 값을 구하시오.

(   )

응용 4 똑같이 나누기

(1) 호두 20개와 땅콩 45개가 있습니다. 호두와 땅콩을 각각 5명에게 똑같이 나누어 주려고 합니다. /
(2) 한 사람이 가지게 되는 호두와 땅콩은 모두 몇 개인지 구하시오.

(   )

해결의 법칙

(1) 한 사람이 가지게 되는 호두와 땅콩은 각각 몇 개인지 구해 봅니다.

(2) 한 사람이 가지게 되는 호두의 수와 땅콩의 수를 더합니다.

예제 4 – 1 시연이가 가지고 있는 사탕입니다. 사탕 맛에 상관없이 하루에 4개씩 먹는다면 사탕을 며칠 동안 먹을 수 있습니까?

16개	8개	12개

(   )

예제 4 – 2 선생님께서 길이가 24 m인 리본을 하은, 민율, 규하 3명에게 똑같이 나누어 주셨습니다. 하은이는 선생님께 받은 리본을 짝과 똑같이 나누어 가졌습니다. 하은이에게 남은 리본은 몇 m입니까?

(   )

3

나눗셈

응용 5 몫이 가장 크게 될 때 나누어지는 수 구하기

(3) 다음 나눗셈의 ☐ 안에 알맞은 수를 넣어 6으로 나누어지고 몫이 가장 크게 되도록 하려고 합니다. 1부터 9까지의 수 중에서 ☐ 안에 알맞은 수를 구하시오.

$$^{(1),\ (2)}\ 1\boxed{} \div 6$$

( )

 해결의 법칙

(1) 곱셈과 나눗셈의 관계를 이용하여 곱셈식으로 나타내어 봅니다.

(2) 6단 곱셈구구에서 곱의 십의 자리 숫자가 1인 경우를 모두 구해 봅니다.

(3) 몫이 가장 크게 될 때 ☐ 안에 알맞은 수를 구해 봅니다.

예제 5-1 다음 나눗셈의 ☐ 안에 알맞은 수를 넣어 4로 나누어지고 몫이 가장 크게 되도록 하려고 합니다. 1부터 9까지의 수 중에서 ☐ 안에 알맞은 수를 구하시오.

$$2\boxed{} \div 4$$

( )

예제 5-2 두 나눗셈의 ☐ 안에 알맞은 수를 넣어 각각 나누어지고 몫이 가장 크게 되도록 하려고 합니다. 1부터 9까지의 수 중에서 ㉠과 ㉡에 알맞은 수의 합을 구하시오.

$$2\boxed{㉠} \div 3 \qquad 4\boxed{㉡} \div 7$$

( )

✿ 정답은 23쪽

응용 6

일정한 간격으로 심은 나무 수 구하기

<small>동영상 강의</small>

(2) 길이가 56 m인 도로의 양쪽에 처음부터 끝까지 8 m 간격으로 가로수를 심으려고 합니다. / (3)필요한 가로수는 모두 몇 그루인지 구하시오. (단, 가로수의 두께는 생각하지 않습니다.)

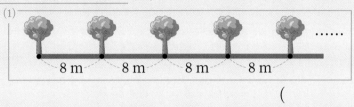

(1)

8 m 8 m 8 m 8 m ‥‥‥‥

(   )

해결의 법칙

(1) 도로 한쪽의 가로수 사이의 간격 수를 알아봅니다.

(2) 도로의 한쪽에 필요한 가로수는 몇 그루인지 구해 봅니다.

(3) 도로의 양쪽에 필요한 가로수는 몇 그루인지 구해 봅니다.

예제 6-1 길이가 48 m인 길의 양쪽에 벚나무가 6 m 간격으로 심어져 있습니다. 길 양쪽의 처음과 끝에도 벚나무가 심어져 있다면 벚나무는 모두 몇 그루입니까? (단, 벚나무의 두께는 생각하지 않습니다.)

(   )

예제 6-2 한 변이 20 m인 정사각형 모양의 공원이 있습니다. 이 공원의 둘레에 5 m 간격으로 나무를 심으려고 합니다. 필요한 나무는 모두 몇 그루입니까? (단, 정사각형의 네 꼭짓점에는 반드시 나무를 심고 나무의 두께는 생각하지 않습니다.)

(   )

3

나눗셈

응용 7 수 카드로 나눗셈식 만들기

 동영상 강의

⁽¹⁾3장의 수 카드 ⬜1, ⬜2, ⬜4 중에서 2장을 뽑아 한 번씩만 사용하여 두 자리 수를 만들려고 합니다. / ⁽²⁾6으로 똑같이 나눌 수 있는 두 자리 수 중에서 / ⁽³⁾가장 큰 수를 구하시오.

(   )

해결의 법칙

(1) 수 카드를 사용하여 만들 수 있는 두 자리 수를 모두 구해 봅니다.

(2) 위 (1)의 수 중 6으로 똑같이 나눌 수 있는 수를 구해 봅니다.

(3) 위 (2)의 수 중에서 가장 큰 수를 구해 봅니다.

예제 7-1 3장의 수 카드 ⬜6, ⬜3, ⬜5 중에서 2장을 뽑아 한 번씩만 사용하여 두 자리 수를 만들려고 합니다. 9로 똑같이 나눌 수 있는 두 자리 수 중에서 가장 큰 수를 구하시오.

(   )

예제 7-2 4장의 수 카드 ⬜2, ⬜8, ⬜6, ⬜4 중에서 3장을 뽑아 한 번씩만 사용하여 다음과 같이 몫이 7이 되도록 나눗셈식을 만들려고 합니다. ⬜ 안에 알맞은 수를 써넣으시오.

$$\boxed{}\boxed{} \div \boxed{} = 7$$

$$\boxed{}\boxed{} \div \boxed{} = 7$$

걸리는 시간 구하기

(1) 일정한 빠르기로 3분 동안 12 m를 가는 거북이 있습니다. / (2) 이 거북이 같은 빠르기로 20 m를 가는 데 걸리는 시간은 몇 분인지 구하시오.

(   )

해결의 법칙

(1) 거북이 1분 동안 가는 거리는 몇 m인지 구해 봅니다.

(2) 위 (1)을 이용하여 거북이 20 m를 가는 데 걸리는 시간을 구해 봅니다.

예제 8-1 일정한 빠르기로 5분 동안 20 m를 가는 나무늘보가 있습니다. 이 나무늘보가 같은 빠르기로 36 m를 가는 데 걸리는 시간은 몇 분입니까?

(   )

예제 8-2 일정한 빠르기로 4분 동안 16 m를 가는 ㉮ 개미와 7분에 35 m를 가는 ㉯ 개미가 있습니다. 두 개미가 같은 빠르기로 20 m를 가는 데 걸리는 시간은 어느 개미가 몇 분 더 걸립니까?

(   ), (   )

예제 8-3 일정한 빠르기로 20분 동안 물건을 16개 만드는 기계가 있습니다. 이 기계가 1시간 30분 동안 만들 수 있는 물건은 몇 개입니까?

(   )

나눗셈의 몫을 곱셈식으로 구하기

1 귤 18개를 접시 3개에 똑같이 나누어 놓으면 한 접시에
🐴쌍둥이 몇 개씩 놓을 수 있는지 ☐ 안에 알맞은 수를 써넣고 답
을 구하시오.

[나눗셈식] $18 \div \boxed{} = \boxed{}$

[곱셈식] $3 \times \boxed{} = 18$

(답) _____

곱셈과 나눗셈의 관계

2 ■의 값을 구하시오. (단, 같은 모양은 같은 수를 나타냅
🐴쌍둥이 니다.)

$$21 \div 7 = ● \qquad ■ \div ● = 9$$

(   )

똑같이 나누기   창의·융합

3 연주와 친구들은 다음과 같이 그림을 똑같은 직사각형
🐴쌍둥이 모양의 조각 그림 6개로 나누어 각자 색칠한 다음 다시
모아서 작품을 만들었습니다. 조각 그림 한 개의 가로와
세로의 차는 몇 cm입니까?

24 cm

18 cm

(   )

똑같이 나누기

4 해밀이와 은성이가 각각 가지고 있는 색종이를 4명에게
🔖쌍둥이 똑같이 나누어 주려고 합니다. 한 명이 받게 되는 빨간
색종이는 파란 색종이보다 몇 장 더 많습니까?

나는 빨간 색종이를
28장 가지고 있어.

나는 파란 색종이를
20장 가지고 있어.

해밀

은성

(   )

똑같이 나누기

5 풍선을 13개씩 묶어서 3명에게 나누어 주면 풍선 7개가
부족합니다. 이 풍선을 한 사람에게 8개씩 주면 몇 명에
게 나누어 줄 수 있습니까?

(   )

똑같이 나누기　　　　　　　　　　　　　　　창의·융합

6 네 변의 길이의 합이 40 cm인 정사각형 모양의 윷놀이
🔖쌍둥이 말판이 있습니다. 정사각형의 테두리에 말이 지나는 자
▶동영상 리가 똑같은 간격으로 점처럼 그려져 있습니다. ☐ 안에
알맞은 수를 써넣으시오. (단, 점의 크기는 생각하지 않
습니다.)

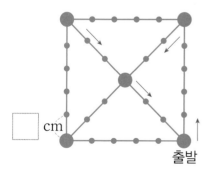

☐ cm

출발

• 윷놀이
　윷가락을 던지고
　말을 사용하여 승
　부를 겨루는 놀이

3

나눗셈

똑같이 나누기   서술형

7 길이가 1 m인 철사를 사용하여 정사각형을 한 개 만들
🔵쌍둥이 었더니 철사가 68 cm 남았습니다. 만든 정사각형의 한
▶동영상 변은 몇 cm인지 풀이 과정을 쓰고 답을 구하시오.

(   )

풀이 _____

_____

_____

_____

똑같이 나누기

8 ♥가 될 수 있는 수는 모두 몇 개입니까?
🔵쌍둥이
▶동영상
> • ♥는 1보다 크고 10보다 작습니다.
> • 18을 ♥씩 묶으면 남는 것이 없습니다.

(   )

_____

_____

_____

나눗셈의 활용

9 정윤이는 한 봉지에 6개씩 들어 있는 초콜릿 9봉지를 산
후 그중에서 9개를 먹었습니다. 정윤이가 먹고 남은 초
콜릿을 5명에게 똑같이 나누어 주면 한 명에게 몇 개씩
줄 수 있습니까?

(   )

풀이 _____

_____

_____

_____

나눗셈의 활용

10 어떤 수를 3으로 나누어야 할 것을 잘못하여 곱하였더니 18이 되었습니다. 바르게 계산한 값은 얼마인지 풀이 과정을 쓰고 답을 구하시오.

서술형

쌍둥이

(   )

풀이

─────────────────────

─────────────────────

─────────────────────

─────────────────────

나눗셈의 활용

11 현수는 20분 동안 종이학 9개를 접는다고 합니다. 현수가 쉬지 않고 종이학 72개를 접는 데 걸리는 시간은 몇 시간 몇 분입니까? (단, 현수가 종이학 한 개를 접는 빠르기는 일정합니다.)

쌍둥이

(   )

─────────────────────

─────────────────────

─────────────────────

─────────────────────

나눗셈의 활용

12 길이가 21 m인 통나무를 길이가 3 m인 도막으로 모두 자르려고 합니다. 한 번 자르는 데 8분이 걸린다면 쉬지 않고 통나무를 모두 자르는 데 걸리는 시간은 몇 분입니까?

(   )

─────────────────────

─────────────────────

─────────────────────

─────────────────────

3

나눗셈

나눗셈의 활용 ┌ 방향을 조종할 수 있는 썰매를 타고 ⟨창의·융합⟩
└ 눈과 얼음으로 만든 트랙을 달리는 경기

13 남자 봅슬레이는 2인승과 4인승이 있습니다. 남자 봅슬레이 경기에 참가한 선수는 모두 50명입니다. 4인승 경기팀이 8팀일 때 2인승 경기팀은 몇 팀입니까?
🌀쌍둥이
▶동영상

( )

나눗셈의 활용

14 현숙이네 가게에서 꽃병 70개를 만들려고 합니다. 먼저 4일 동안 꽃병 28개를 만들었다면 남은 꽃병을 만드는 데 며칠이 걸리는지 구하시오. (단, 현숙이네 가게에서 하루 동안 만드는 꽃병의 수는 일정합니다.)

( )

나눗셈의 몫 구하기 ⟨서술형⟩

15 4장의 수 카드 ⟨3⟩, ⟨4⟩, ⟨7⟩, ⟨8⟩ 중에서 2장을 뽑아
🌀쌍둥이 □ 안에 넣어 나눗셈의 몫이 가장 크게 되도록 만들려고
▶동영상 합니다. 이때의 나눗셈의 몫을 구하는 풀이 과정을 쓰고 답을 구하시오.

$$2\Box \div \Box$$

( )

풀이

조건에 알맞은 수 구하기

16 두 수가 있습니다. 큰 수를 작은 수로 나누면 몫이 6이
고, 두 수의 차는 40입니다. 이 두 수의 합을 구하시오.

(   )

나눗셈의 활용

17 길이가 다른 막대가 2개 있습니다. 긴 막대는 짧은 막대
🔵쌍둥이
🔵동영상 보다 8 cm 더 길고, 두 막대의 길이의 합은 16 cm입니
다. 긴 막대를 잘라서 짧은 막대와 길이가 같은 막대를
몇 개 만들 수 있습니까?

(   )

나눗셈의 활용

18 주차장에 있는 세발자전거와 두발자전거는 모두 몇 대
인지 구하시오. (단, 승용차 한 대의 바퀴는 4개입니다.)

- 주차장에는 승용차, 세발자전거, 두발자전거만 있
습니다.
- 승용차는 8대 있습니다.
- 바퀴의 수는 모두 68개입니다.
- 세발자전거의 바퀴의 수의 합과 두발자전거의 바
퀴의 수의 합은 같습니다.

(   )

3

나눗셈

3. 나눗셈

1 다음 뺄셈식을 나눗셈식으로 바르게 나타낸 것에 ◯표 하시오.

$$56-7-7-7-7-7-7-7-7=0$$

$56 \div 7 = 8$	$56 \div 8 = 7$
( )	( )

2 나눗셈의 몫을 곱셈식으로 구하시오.

$$12 \div 4 = \boxed{} \Rightarrow 4 \times \boxed{} = 12$$

3 나눗셈의 몫을 구하시오.

(1) $45 \div 5 = \boxed{}$ (2) $28 \div 4 = \boxed{}$

4 빈 곳에 알맞은 수를 써넣으시오.

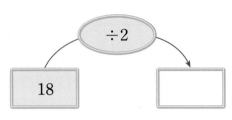

5 곱셈식 $3 \times 8 = 24$를 보고 만들 수 있는 나눗셈식을 모두 고르시오. ·················· (   )

① $8 \times 3 = 24$ ② $24 \div 8 = 3$
③ $24 \div 6 = 4$ ④ $24 \div 4 = 6$
⑤ $24 \div 3 = 8$

6 나눗셈식을 곱셈식으로 나타내시오.

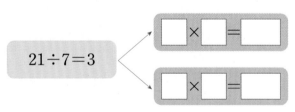

7 나눗셈의 몫을 찾아 선으로 이어 보시오.

$9 \div 3$	$25 \div 5$	$16 \div 4$
•	•	•
•	•	•
3	4	5

창의·융합

8 가을 운동회 때 사용할 페트병 응원 도구를 만들려고 합니다. 페트병 한 개에 콩을 7개씩 넣으려고 합니다. 콩 28개로 만들 수 있는 페트병 응원 도구는 몇 개입니까?

(   )

창의·융합

9 대화를 읽고 아빠 개미와 아들 개미가 일주일 동안 먹을 수 있는 식량 창고는 몇 곳인지 구하시오.

> 식량이 창고 14곳에 가득 찼어요!

> 이 식량을 7주일 동안 똑같이 나누어 먹어야 해.

아들 개미

아빠 개미

(   )

서술형

10 민주네 반 학생 30명을 한 모둠에 5명씩 모둠으로 만들어 우리 지역 탐구 활동을 하기로 했습니다. 모두 몇 모둠으로 만들 수 있는지 식을 쓰고 답을 구하시오.

나눗셈식 _____

답 _____

11 나눗셈의 몫의 크기를 비교하여 ◯ 안에 >, =, < 중 알맞은 것을 써넣으시오.

$$35 \div 5 \ \bigcirc \ 56 \div 7$$

3

나눗셈

12 네 변의 길이의 합이 36 cm인 정사각형이 있습니다. 이 정사각형의 한 변은 몇 cm입니까?

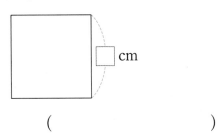

( )

13 $63 \div 7$과 몫이 같은 나눗셈은 모두 몇 개입니까?

$27 \div 3$	$49 \div 7$
$54 \div 6$	$64 \div 8$

( )

14 ●의 값을 구하시오. (단, 같은 모양은 같은 수를 나타냅니다.)

- $72 \div \blacksquare = 9$
- $\blacksquare \div \bullet = 2$

( )

서술형

15 현우네 모둠은 사탕 32개를 한 명이 4개씩 먹었고, 누리네 모둠은 초콜릿 27개를 한 명이 3개씩 먹었습니다. 누구네 모둠의 학생 수가 더 많은지 풀이 과정을 쓰고 답을 구하시오. (단, 남은 사탕과 초콜릿은 없습니다.)

풀이 _____

_____

_____

_____

답 _____

16 다음 나눗셈의 □ 안에 알맞은 수를 넣어 6으로 나누어지게 하려고 합니다. 0부터 9까지의 수 중에서 □ 안에 들어갈 수 있는 수를 모두 구하시오.

$$4\square \div 6$$

( )

서술형

17 어떤 수를 4로 나누어야 할 것을 잘못하여 2로 나누었더니 몫이 8이 되었습니다. 바르게 계산한 값은 얼마인지 풀이 과정을 쓰고 답을 구하시오.

풀이 _____

_____

_____

_____

답 _____

18 길이가 72 m인 길의 양쪽에 처음부터 끝까지 9 m 간격으로 가로등을 나란히 설치하려고 합니다. 필요한 가로등은 모두 몇 개입니까? (단, 가로등의 두께는 생각하지 않습니다.)

(   )

19 ㉮ 기계는 4분 동안 장난감 20개를 만들고, ㉯ 기계는 3분 동안 장난감 9개를 만듭니다. ㉮, ㉯ 두 기계가 7분 동안 만들 수 있는 장난감은 모두 몇 개입니까? (단, ㉮, ㉯ 두 기계가 장난감을 만드는 빠르기는 각각 일정합니다.)

(   )

20 선생님은 공책을 7권씩 5묶음과 낱개로 5권 가지고 있었습니다. 이 공책을 5모둠에게 똑같이 나누어 주었습니다. 받은 공책을 한 모둠의 학생 4명이 똑같이 나누어 가진다면 한 명이 가지는 공책은 몇 권입니까?

(   )

3

나눗셈

학습 게임
✿ 정답은 **31**쪽

❶ 민수와 동하가 5분 동안 만든 딱지와 제기는 모두 몇 개입니까? (단, 딱지와 제기 한 개를 만드는 데 걸리는 시간은 각각 일정합니다.)

(   )

❷ 다음에서 ◈=10이고 각 모양이 나타내는 수는 짝수일 때, ⬤와 ♥의 값을 각각 구하시오. (단, 같은 모양은 같은 수를 나타냅니다.)

· ⬤+⬤+⬤+⬤+⬤=◈+◈
· ⬤+⬤>♥
· ◈<♥+♥

⬤ (   ), ♥ (   )

4

곱셈

● 학습계획표

계획표대로 공부했으면 ○표, 못했으면 △표 하세요.

4. 곱셈

비법 ① (몇십)×(몇)의 형식 이해하기

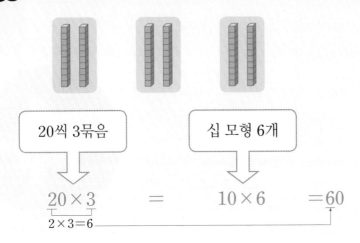

| 20씩 3묶음 | 십 모형 6개 |

$$20 \times 3 \qquad = \qquad 10 \times 6 \qquad = 60$$
$$2 \times 3 = 6$$

비법 ② (몇십몇)×(몇)의 형식 이해하기

십 모형 3개의 2배인 ← 60을 나타냅니다.

$$\begin{array}{r} 3\,4 \\ \times \quad 2 \\ \hline 6\,8 \end{array}$$

→ 일 모형 4개의 2배인 8을 나타냅니다.

비법 ③ 곱셈식 완성하기

$$\begin{array}{r} 2\,7 \\ \times \quad \blacksquare \\ \hline 8\,1 \end{array}$$

→ 일의 자리 계산만 해도 ■를 구할 수 있습니다.

$7 \times$ ■의 일의 자리 숫자가 1
⇨ 7단 곱셈구구에서 일의 자리 숫자가 1인 곱 찾기
⇨ $7 \times 3 = 21$이므로 ■$=3$
⇨ 곱셈식 확인 ($27 \times 3 = 81$)

| 올림한 수를 더하지
않은 잘못된 계산 | | 올림한 수를 더한
바른 계산 | |

· (몇십)×(몇)
(몇)×(몇)의 결과 뒤에 0을 1개 붙입니다.

$$30 \times 2 = 60$$
$$3 \times 2 = 6$$

· 올림이 없는 (몇십몇)×(몇)

$$\begin{array}{r} 1\,2 \\ \times \quad 4 \\ \hline 8 \end{array} \Rightarrow \begin{array}{r} 1\,2 \\ \times \quad 4 \\ \hline 4\,8 \end{array}$$

· 십의 자리에서 올림이 있는
(몇십몇)×(몇)

$$\begin{array}{r} 4\,2 \\ \times \quad 3 \\ \hline 6 \end{array} \Rightarrow \begin{array}{r} 4\,2 \\ \times \quad 3 \\ \hline 1\,2\,6 \end{array}$$

· 일의 자리에서 올림이 있는
(몇십몇)×(몇)

$$\begin{array}{r} {\scriptstyle 1} \\ 2\,4 \\ \times \quad 4 \\ \hline 6 \end{array} \Rightarrow \begin{array}{r} {\scriptstyle 1} \\ 2\,4 \\ \times \quad 4 \\ \hline 9\,6 \end{array}$$
$$20 \times 4 + 10 = 90$$

· 십의 자리와 일의 자리에서 올림이 있는 (몇십몇)×(몇)

$$\begin{array}{r} {\scriptstyle 3} \\ 2\,6 \\ \times \quad 5 \\ \hline 0 \end{array} \Rightarrow \begin{array}{r} {\scriptstyle 3} \\ 2\,6 \\ \times \quad 5 \\ \hline 1\,3\,0 \end{array}$$
$$20 \times 5 + 30 = 130$$

비법 4 48×3을 여러 가지 방법으로 계산하기

방법 1 덧셈으로 계산하기

$$48 \times 3 = 48 + 48 + 48 = 144$$
3번

방법 2 수 모형으로 계산하기

십 모형은 $4 \times 3 = 12$이므로 120이고,

일 모형은 $8 \times 3 = 24$이므로

$48 \times 3 = 120 + 24 = 144$입니다.

방법 3 세로로 계산하기

```
    4 8              4 8
  ×   3            ×   3
  1 2 0  ─ 십의 자리부터     2 4  ─ 일의 자리부터
    2 4      계산      1 2 0      계산
  1 4 4            1 4 4
```

방법 4 각 자리를 나눠서 계산하기

$$48 \times 3 = 144$$
$$8 \times 3 = 24$$
$$40 \times 3 = 120$$

$$48 \times 3 = 144$$
$$40 \times 3 = 120$$
$$8 \times 3 = 24$$

비법 5 수 카드로 가장 큰, 작은 (몇십몇)×(몇) 만들기

수 카드에서 수의 크기가 ③ > ② > ① 일 때

곱이 가장 큰 경우	곱이 가장 작은 경우
② ① × ③ — 가장 큰 수 남은 큰 수부터	② ③ × ① — 가장 작은 수 남은 작은 수부터

이때, 0 이 있으면 ② 0 × ③ = ③ 0 × ② 입니다.

4
곱셈

• 48×3의 계산

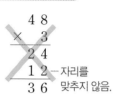

```
잘못된 계산
      4 8
    ×   3
      2 4
    1 2   ─ 자리를
    3 6     맞추지 않음.
```

⇩

```
바른 계산
      4 8
    ×   3
      2 4 ─ 8 × 3
    1 2 0 ─ 40 × 3
    1 4 4
```

48×3에서 숫자 4는 실제로 40을 나타내므로 4×3의 곱을 쓸 때에는 일의 자리에 0이 있다고 생각하고 자리를 잘 맞추어 써야 합니다.

• 수 카드 2, 5, 7 을 한 번씩만 사용하여 (몇십몇)×(몇) 만들기

(1) 곱이 가장 큰 경우:

$$52 \times 7 = 364$$
가장 큰 수

(2) 곱이 가장 작은 경우:

$$57 \times 2 = 114$$
가장 작은 수

1 **(몇십)×(몇)**

$2 \times 4 = 8 \quad \Rightarrow \quad 20 \times 4 = 80$
$2 \times 4 = 8$

1-1 계산을 하시오.

(1) 10×7 (2) 30×2

1-2 달걀이 한 묶음에 10개씩 4묶음 있습니다. ☐ 안에 알맞은 수를 써넣으시오.

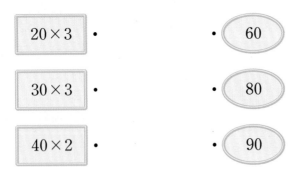

$10 \times \boxed{} = \boxed{}$

1-3 계산 결과를 찾아 선으로 이어 보시오.

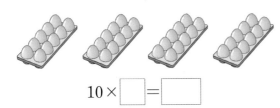

20×3 •   • 60

30×3 •   • 80

40×2 •   • 90

1-4 빈 곳에 알맞은 수를 써넣으시오.

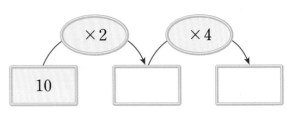

1-5 북한의 유명한 음식으로 조랭이 떡국이 있습니다. 조랭이 떡국 한 그릇에 조랭이 떡을 30개씩 넣으려고 합니다. 조랭이 떡국 3그릇을 만드는 데 필요한 조랭이 떡은 모두 몇 개입니까?

(   )

2 **올림이 없는 (몇십몇)×(몇)**

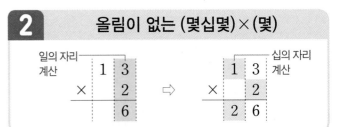

2-1 나타내는 것이 <u>다른</u> 하나는 어느 것입니까?
.... (   )

① 34×2 ② 34의 2배

③ 34와 2의 곱   ④ 34와 2의 합

⑤ 34씩 2묶음

서술형

2-2 오른쪽 계산에서 파란색 숫자 8이 나타내는 수는 얼마인지 곱셈식을 써서 구하시오.

```
    4 3
  ×   2
    8 6
```

식 _____

답 _____

2-3 빈 곳에 알맞은 수를 써넣으시오.

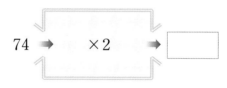

22	3	
2	31	

창의·융합

2-4 도현이네 반 친구들이 목도 놀이를 하려고 한 변이 12 m인 정사각형을 그렸습니다. 정사각형의 네 변의 길이의 합은 몇 m입니까?

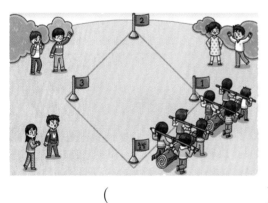

(   )

---

3 십의 자리에서 올림이 있는 (몇십몇)×(몇)

```
      5 2              5 2
  ×     3      ⇨   ×     3
        6          1 5 6
                   └ 십의 자리에서 올림
```

3-1 덧셈을 곱셈으로 나타내어 계산하려고 합니다. □ 안에 알맞은 수를 써넣으시오.

$$61+61+61+61+61$$

$61 × \boxed{} = \boxed{}$

3-2 □ 안에 알맞은 수를 써넣으시오.

$74 \rightarrow \boxed{×2} \rightarrow \boxed{}$

3-3 계산 결과를 비교하여 ◯ 안에 >, =, < 중 알맞은 것을 써넣으시오.

```
    4 3                3 1
  ×   3      ◯      ×   6
```

4 곱셈

 같은 수를 여러 번 더하는 덧셈을 곱셈으로 나타내기

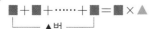
■+■+……+■=■×▲
    ▲번

$52+52+52+52 ⇨ 52×4$

3-4 다음 계산에서 지워진 수를 구하시오.

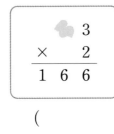

(   )

서술형

3-5 창현이의 한 걸음의 길이는 32 cm입니다. 창현이의 4걸음의 길이는 몇 cm인지 식을 쓰고 답을 구하시오.

식 _____

답 _____

4 일의 자리에서 올림이 있는 (몇십몇)×(몇)

4-1 모눈종이에 색칠된 칸 수와 관계있는 곱셈식에 ◯표 하시오.

(13×5＝65 , 13×4＝52)

4-2 빈 곳에 알맞은 수를 써넣으시오.

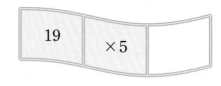

4-3 곱이 80보다 작은 것은 어느 것입니까?
.... (   )

① 12×8   ② 14×5

③ 32×3   ④ 29×3

⑤ 17×5

창의·융합

4-4 재희가 4일 동안 스트레칭하는 시간은 모두 몇 분입니까?

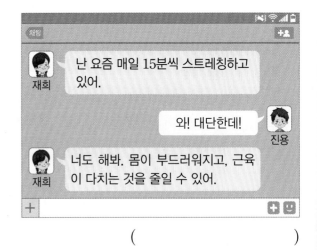

(   )

4-5 민준이는 하루에 동화책을 28쪽씩 읽었습니다. 민준이가 3일 동안 읽은 동화책은 모두 몇 쪽입니까?

(   )

5-3 한 상자에 크레파스가 24개씩 들어 있습니다. 5상자에 들어 있는 크레파스는 모두 몇 개입니까?

(   )

4
곱셈

---

5 십의 자리와 일의 자리에서 올림이 있는 (몇십몇)×(몇)

5-4 곱이 더 큰 것의 기호를 써 보시오.

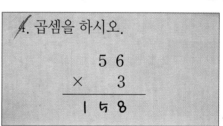

(   )

5-1 빈 곳에 두 수의 곱을 써넣으시오.

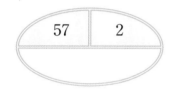

서술형

5-5 혜진이는 수학 단원 평가에서 다음과 같이 풀어서 틀렸습니다. 혜진이가 이 문제를 **틀린** 이유를 설명해 보시오.

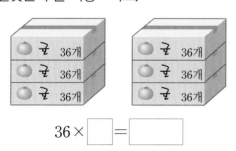

> 4. 곱셈을 하시오.
>
>   5 6
> ×   3
> ───────
>   1 ㄴ 8

5-2 귤이 한 상자에 36개씩 6상자 있습니다. ☐ 안에 알맞은 수를 써넣으시오.

36 × ☐ = ☐

이유 _____

_____

_____

 올림한 값을 몇십몇의 십의 자리 위 또는 십의 자리 밑에 써서 올림한 값을 잊지 않도록 주의합니다.

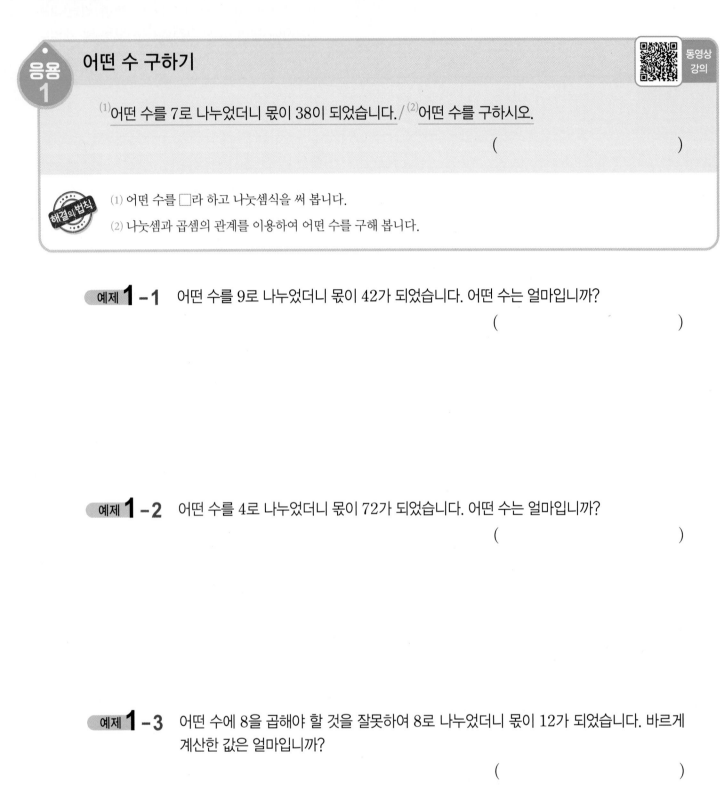

STEP **2** 응용 유형 익히기

응용 1

어떤 수 구하기

동영상 강의

$^{(1)}$어떤 수를 7로 나누었더니 몫이 38이 되었습니다. /$^{(2)}$어떤 수를 구하시오.

(   )

해결의 법칙 (1) 어떤 수를 □라 하고 나눗셈식을 써 봅니다.

(2) 나눗셈과 곱셈의 관계를 이용하여 어떤 수를 구해 봅니다.

예제 1-1 어떤 수를 9로 나누었더니 몫이 42가 되었습니다. 어떤 수는 얼마입니까?

(   )

예제 1-2 어떤 수를 4로 나누었더니 몫이 72가 되었습니다. 어떤 수는 얼마입니까?

(   )

예제 1-3 어떤 수에 8을 곱해야 할 것을 잘못하여 8로 나누었더니 몫이 12가 되었습니다. 바르게 계산한 값은 얼마입니까?

(   )

응용 2

모두 몇 개인지 알아보기

구슬을 ⁽¹⁾지혜는 16개씩 3묶음 가지고 있고 ⁽¹⁾병호는 15개씩 4묶음/ 가지고 있습니다. ⁽²⁾두 사람이 가지고 있는 구슬은 모두 몇 개입니까?

( )

4

곱셈

해결의법칙

(1) 지혜와 병호가 각각 가지고 있는 구슬의 수를 일의 자리에서 올림이 있는 (몇십몇)×(몇)의 계산으로 구해 봅니다.

(2) (1)에서 구한 두 수의 합을 구해 봅니다.

예제 2-1 45명씩 탈 수 있는 버스가 3대 있고 12명씩 탈 수 있는 승합차가 5대 있습니다. 버스 3대 와 승합차 5대에 탈 수 있는 사람은 모두 몇 명입니까?

( )

예제 2-2 과일 가게에 사과가 한 상자에 18개씩 4상자, 귤이 한 상자에 35개씩 2상자, 배가 한 상 자에 14개씩 3상자 있습니다. 상자에 있는 사과, 귤, 배는 모두 몇 개입니까?

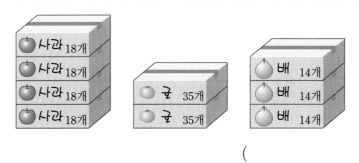

( )

응용 3 곱셈식 완성하기

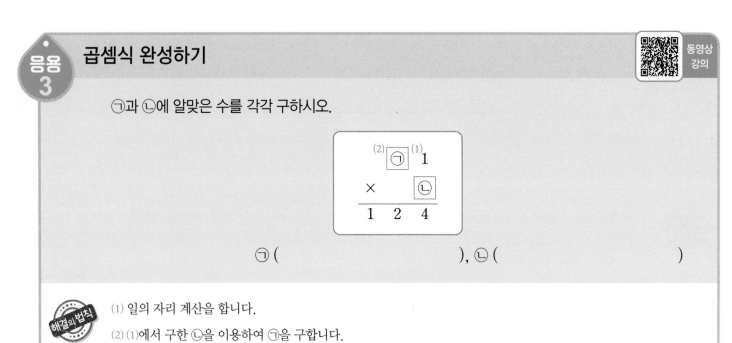

㉠과 ㉡에 알맞은 수를 각각 구하시오.

```
        (2) ㉠ (1) 1
      ×       ㉡
      ───────────
      1   2   4
```

㉠ (   ), ㉡ (   )

해결의 법칙

(1) 일의 자리 계산을 합니다.

(2) (1)에서 구한 ㉡을 이용하여 ㉠을 구합니다.

예제 3-1 □ 안에 알맞은 수를 써넣으시오.

(1)
```
      □   8
    × ☐
    ─────────
    1   7   4
```

(2)
```
      □   4
    × ☐
    ─────────
    2   9   6
```

예제 3-2 ㉠+㉡+㉢을 구하시오.

```
          2   ㉠
      ×       7
      ───────────
      ㉡   ㉢   2
```

(   )

4

곱셈

응용 4 곱셈의 활용

⁽¹⁾한 묶음에 생수가 5개씩 4줄 들어 있습니다. / ⁽²⁾6묶음에 들어 있는 생수는 모두 몇 개입니까?

( )

(1) 한 묶음에 들어 있는 생수의 수를 구해 봅니다.

(2) 6묶음에 들어 있는 생수의 수를 (몇십) × (몇)의 계산으로 구해 봅니다.

예제 4-1 한 칸에 책을 17권씩 꽂을 수 있는 4칸짜리 책꽂이가 있습니다. 이 책꽂이 3개에 꽂을 수 있는 책은 모두 몇 권입니까?

( )

예제 4-2 한 상자에 연필이 7타씩 들어 있습니다. 7상자에 들어 있는 연필은 모두 몇 자루입니까? (단, 연필 1타는 12자루입니다.)

( )

예제 4-3 한 상자에 4봉지씩 12묶음 들어 있는 라면이 6상자 있습니다. 상자에서 라면 15봉지를 꺼냈다면 상자에 남은 라면은 몇 봉지입니까?

( )

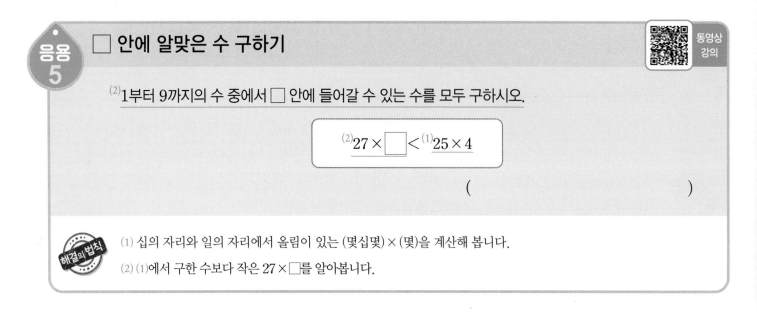

응용 5

□ 안에 알맞은 수 구하기

동영상 강의

(2)1부터 9까지의 수 중에서 □ 안에 들어갈 수 있는 수를 모두 구하시오.

$$^{(2)}27 \times \boxed{} < {}^{(1)}25 \times 4$$

( )

해결의 법칙

(1) 십의 자리와 일의 자리에서 올림이 있는 (몇십몇) × (몇)을 계산해 봅니다.

(2) (1)에서 구한 수보다 작은 $27 \times \boxed{}$를 알아봅니다.

예제 5-1 1부터 9까지의 수 중에서 □ 안에 들어갈 수 있는 수를 모두 구하시오.

$$55 \times \boxed{} > 42 \times 9$$

( )

예제 5-2 1부터 9까지의 수 중에서 □ 안에 들어갈 수 있는 수는 모두 몇 개입니까?

$$26 \times 3 < 17 \times \boxed{} < 23 \times 5$$

( )

응용 6

곱이 가장 큰 곱셈식 만들기

동영상 강의

4

곱셈

(1)(2)수 카드 5 , 6 , 2 , 7 중에서 3장을 한 번씩만 사용하여 (몇십몇)×(몇)의 곱셈식을 만들려고 합니다. /(3)나올 수 있는 가장 큰 곱을 구하시오.

( )

해결의 법칙!

(1) 곱하는 수가 가장 큰 수일 때 곱이 가장 큰 곱셈식을 만들고 계산해 봅니다.

(2) 곱해지는 수의 십의 자리가 가장 큰 수일 때 곱이 가장 큰 곱셈식을 만들고 계산해 봅니다.

(3) (1), (2)에서 (몇십몇)×(몇)의 가장 큰 곱을 구해 봅니다.

예제 6-1 수 카드 3 , 2 , 5 , 8 중에서 3장을 한 번씩만 사용하여 (몇십몇)×(몇)의 곱셈식을 만들려고 합니다. 나올 수 있는 가장 큰 곱을 구하시오.

( )

예제 6-2 수 카드 1 , 3 , 6 , 9 중에서 3장을 한 번씩만 사용하여 (몇십몇)×(몇)의 곱셈식을 만들려고 합니다. 나올 수 있는 가장 큰 곱과 가장 작은 곱의 차를 구하시오.

( )

STEP 3 응용 유형 뛰어넘기

올림이 없는 (몇십몇) × (몇) · 창의·융합

1 들에 피는 꽃을 야생화 또는 들꽃이라 합니다. 야생화인
🐴쌍둥이 범부채꽃, 잔대꽃, 패랭이꽃이 각각 32송이씩 피었습니다. 야생화는 모두 몇 송이 피었습니까?

범부채꽃   잔대꽃   패랭이꽃

(   )

곱셈의 활용

2 계산 결과가 <u>다른</u> 하나를 찾아 ○표 하시오.
🐴쌍둥이

| 27×4 | 18×6 | 42×3 |

(   ) (   ) (   )

곱셈의 활용

3 계산 결과가 200에 가장 가까운 수가 되도록 □ 안에 알맞은 수를 구하시오.

$$59 \times \square$$

(   )

곱셈의 활용

4 누가 종이학을 몇 개 더 많이 접었는지 차례로 쓰시오.

◐ 쌍둥이

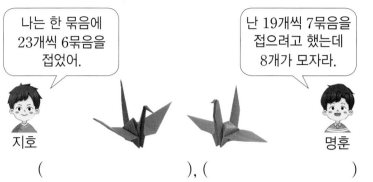

나는 한 묶음에
23개씩 6묶음을
접었어.

난 19개씩 7묶음을
접으려고 했는데
8개가 모자라.

지호

명훈

( ), ( )

곱셈의 활용

5 주현이가 살고 있는 아파트는 모두 5개 동으로 되어 있
◐ 쌍둥이 는데 각 동은 1층부터 6층까지 있습니다. 각 동의 한 층
에는 8가구씩 살고 있다면 주현이네 아파트에는 모두
몇 가구가 살고 있습니까?

( )

곱셈의 활용

6 어떤 수에 7을 곱해야 할 것을 잘못하여 7을 더했더니
96이 되었습니다. 바르게 계산한 값을 구하시오.

( )

4

곱셈

곱셈식 완성하기

7 □ 안에 알맞은 수를 써넣으시오.

🔵쌍둥이
▶동영상

$$
\begin{array}{r}
\boxed{}\,2 \\
\times \quad \boxed{} \\
\hline
1\ \ 4\ \ 4
\end{array}
$$

곱셈의 활용   서술형

8 윤후네 학교 3학년에는 한 반에 22명씩 4개 반이 있습니다. 3학년 학생들에게 공책을 7권씩 나누어 주려면 필요한 공책은 모두 몇 권인지 풀이 과정을 쓰고 답을 구하시오.

🔵쌍둥이

(   )

풀이

곱셈의 활용

9 길이가 40 cm인 색 테이프 9장을 15 cm씩 겹쳐지도록 한 줄로 길게 이어 붙였습니다. 이어 붙인 색 테이프 전체의 길이는 몇 cm입니까?

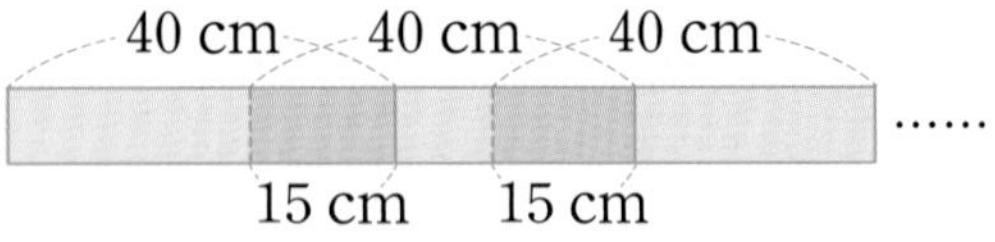

40 cm   40 cm   40 cm

15 cm   15 cm

......

(   )

🔗 쌍둥이 표시된 문제의 쌍둥이 문제가 제공됩니다.
▶ 동영상 표시된 문제의 동영상 특강을 볼 수 있어요.

□ 안에 알맞은 수 구하기

10

🔗 쌍둥이
▶ 동영상

1부터 9까지의 수 중에서 □ 안에 들어갈 수 있는 수는 모두 몇 개입니까?

$$54 \times \boxed{} > 37 \times 8$$

( )

곱셈의 활용

11

🔗 쌍둥이

서술형

민지가 화살을 쏘아 오른쪽 그림과 같이 25점짜리와 15점짜리 과녁을 맞혔습니다. 민지가 과녁을 맞혀서 얻은 점수는 몇 점인지 풀이 과정을 쓰고 답을 구하시오.

( )

풀이

곱셈의 활용

12

잠자리 한 마리의 다리는 6개이고 거미 한 마리의 다리는 잠자리보다 2개 더 많습니다. 잠자리 17마리와 거미 24마리의 다리는 모두 몇 개입니까?

( )

4

곱셈

곱셈식 만들기

13 다음 수 카드 중에서 3장을 한 번씩만 사용하여 (몇십몇)×
🔵쌍둥이 (몇)의 곱셈식을 만들려고 합니다. 곱이 가장 큰 경우와
🔴동영상 가장 작은 경우의 곱셈식을 각각 만들고 계산하시오.

$$\boxed{2} \quad \boxed{7} \quad \boxed{8} \quad \boxed{4}$$

곱이 가장 큰 경우 (   )

곱이 가장 작은 경우 (   )

곱셈의 활용

14 ㉮+㉯+㉰를 구하시오.
🔵쌍둥이
🔴동영상

- ㉮는 ㉯의 3배입니다.
- ㉯는 ㉰의 7배입니다.
- ㉰는 12입니다.

(   )

곱셈의 활용

15 규칙에 따라 수를 쓰고 있습니다. ㉠과 ㉡에 알맞은 수
의 합을 구하시오.

| 1 | 2 | 4 | 8 | 16 | ㉠ | 64 | ㉡ |

(   )

곱셈의 활용   `서술형` `창의·융합`

16 가족의 나이를 모두 더하면 몇 살인지 풀이 과정을 쓰고
답을 구하시오.

🌙쌍둥이
▶동영상

 민아
나는 10살이에요.

나는 민아보다
3살 더 많아요.
준수

 어머니
준수 나이와 3의
곱이 나의 나이예요.

나의 나이는 민아
나이의 4배예요.
아버지

(   )

`풀이`

─────────────────────────────

─────────────────────────────

─────────────────────────────

─────────────────────────────

─────────────────────────────

곱셈의 활용

17 정훈이는 친구에게 줄 선물을 그림과 같이 색 테이프로
감아서 포장하려고 합니다. 필요한 색 테이프의 길이는
모두 몇 cm입니까? (단, 매듭은 생각하지 않습니다.)

🌙쌍둥이
▶동영상

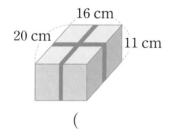
16 cm
20 cm
11 cm

(   )

곱셈의 활용

18 안나가 가지고 있는 구슬 수와 사탕 수는 각각 두 자리
수입니다. 사탕 수의 십의 자리 숫자와 일의 자리 숫자
를 서로 바꾸어 만든 수에 4를 곱하면 248입니다. 구슬
수는 사탕 수의 3배일 때 안나가 가지고 있는 구슬은 몇
개인지 구하시오.

(   )

4

곱셈

4. 곱셈

1 계산을 하시오.

(1)
```
    6 0
  ×   7
```

(2)
```
    3 2
  ×   2
```

2 수 모형을 보고 □ 안에 알맞은 수를 써넣으시오.

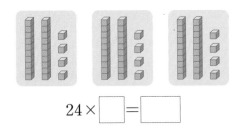

$24 \times \boxed{} = \boxed{}$

3 빈 곳에 두 수의 곱을 써넣으시오.

6	51

4 계산 결과를 찾아 선으로 이어 보시오.

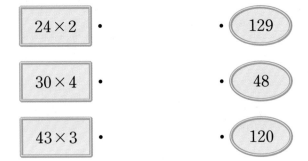

5 계산이 틀린 것은 어느 것입니까? ····· (   )

① $40 \times 6 = 240$ ② $21 \times 4 = 84$

③ $70 \times 7 = 490$ ④ $13 \times 5 = 55$

⑤ $12 \times 8 = 96$

6 빈 곳에 알맞은 수를 써넣으시오.

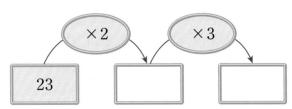

서술형

7 오른쪽 계산이 틀린 이유를 설명해 보시오.

$$\begin{array}{r} 1\ 5 \\ \times\quad 7 \\ \hline 3\ 5 \\ 7 \\ \hline 4\ 2 \end{array}$$

[이유] _____

_____

_____

8 계산 결과가 더 큰 곱셈을 들고 있는 사람은 누구입니까?

42×4	54×3
단우	정은

(   )

9 은지의 주머니에는 50원짜리 동전이 3개 들어 있습니다. 주머니에 들어 있는 동전은 모두 얼마입니까?

(   )

창의·융합

10 정현이는 살고 싶은 마을 모형을 만들었습니다. 둥근 모양의 호수 둘레에 15 cm 간격으로 나무를 8개 만들어 세웠습니다. 정현이가 만든 호수의 둘레는 몇 cm입니까? (단, 판의 크기는 생각하지 않습니다.)

나무 모양으로 오린 색종이에 이쑤시개를 붙여 판에 고정시켜 만듭니다.

(   )

4

곱셈

11 연우가 가지고 있는 구슬은 몇 개입니까?

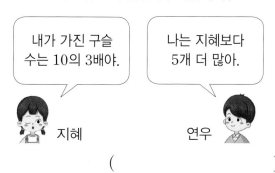

내가 가진 구슬 수는 10의 3배야.

나는 지혜보다 5개 더 많아.

지혜   연우

(   )

12 과일 가게에서 토마토를 한 줄에 16개씩 놓았더니 8줄이 되었습니다. 그중에서 35개를 팔았다면 남은 토마토는 몇 개입니까?

(   )

창의·융합

13 종석이네 반 학생들이 종이비행기를 접었습니다. 여학생은 한 명이 5개씩 14명이 접었고 남학생은 한 명이 4개씩 16명이 접었습니다. 종석이네 반 학생들이 접은 종이비행기는 모두 몇 개입니까?

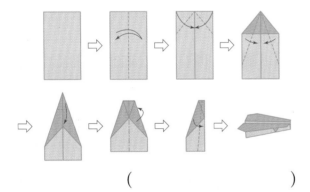

(   )

서술형

14 장기 자랑을 한 학생들에게 나누어 줄 공책을 준비했습니다. 한 명에게 공책을 3권씩 27명에게 나누어 주었더니 5권이 남았습니다. 처음에 준비한 공책은 몇 권인지 풀이 과정을 쓰고 답을 구하시오.

풀이

답

15 곱이 큰 것부터 차례로 기호를 써 보시오.

㉠ 61×3	㉡ 31×7
㉢ 54×2	㉣ 41×6

(   )

16 □ 안에 알맞은 수를 써넣으시오.

$$\begin{array}{r} \square\ 3 \\ \times \quad \square \\ \hline 2\ 5\ 2 \end{array}$$

서술형

17 어떤 수에 6을 곱해야 할 것을 잘못하여 6으로 나누었더니 몫이 13이 되었습니다. 바르게 계산하면 얼마인지 풀이 과정을 쓰고 답을 구하시오.

풀이

답

18 □ 안에 알맞은 수를 써넣으시오.

$48 \times 7 < 50 \times \square < 63 \times 6$

19 다음 수 카드 중에서 3장을 한 번씩만 사용하여 (몇십몇)×(몇)을 만들려고 합니다. 가장 큰 곱은 얼마입니까?

2 4 6 8

( )

20 리본 한 개를 만드는 데 색 테이프가 62 cm 필요합니다. 400 cm의 색 테이프로 리본을 몇 개까지 만들 수 있습니까?

( )

1 그림과 같은 규칙으로 10원짜리 동전과 50원짜리 동전을 놓으려고 합니다. 여섯째에 놓이는 동전의 금액은 모두 얼마입니까?

첫째　　　　둘째　　　　　　　셋째

(　　　　　　　　　　　)

2 호언이네 반 학생들에게 필요한 학용품을 조사한 그래프입니다. 학생들에게 필요한 학용품을 하나씩 사서 나누어 주려면 모두 얼마가 필요합니까?

〈학용품별 필요한 학생 수〉

5			○
4	○		○
3	○		○
2	○	○	○
1	○	○	○
학생 수 (명) ＼ 학용품	연필	지우개	자

연필 80원
지우개 65원
자 90원

(　　　　　　　　　　　)

5

길이와 시간

● 학습계획표

계획표대로 공부했으면 ○표, 못했으면 △표 하세요.

5. 길이와 시간

비법 ① 길이를 다른 방법으로 나타내기

• 길이를 cm, mm로 나타내기

> 오른쪽에서부터 한 자리 끊기

> 큰 단위 수부터 차례로 이어 쓰기

13 4 mm = 13 cm 4 mm = 134 mm

• 길이를 km, m로 나타내기

> 오른쪽에서부터 세 자리 끊기

> km 단위의 수가 천의 자리부터 시작 되게 '0' 쓰기

4 050 m = 4 km 50 m = 4050 m

비법 ② 길이 단위 사이의 관계

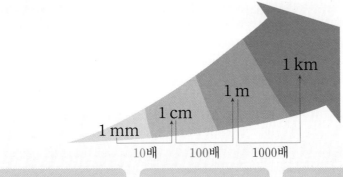

| 10 mm = 1 cm | 100 cm = 1 m | 1000 m = 1 km |

비법 ③ 시간의 합

> (시간) + (시간) = (시간)

```
   □ 시간  □ 분  □ 초
 + □ 시간  □ 분  □ 초
 ─────────────────────
   □ 시간  □ 분  □ 초
```

> (시각) + (시간) = (시각)

```
   □ 시   □ 분  □ 초
 + □ 시간  □ 분  □ 초
 ─────────────────────
   □ 시   □ 분  □ 초
```

일·등·특·강

• cm보다 작은 단위 알아보기

1 cm를 10칸으로 똑같이 나누었을 때 작은 눈금 한 칸의 길이를 1 mm 라 쓰고 1 밀리미터라고 읽습니다.

> 1 cm = 10 mm

3 cm보다 8 mm 더 긴 것을 3 cm 8 mm라 쓰고 3 센티미터 8 밀리미터라고 읽습니다.

> 3 cm 8 mm = 38 mm

• m보다 큰 단위 알아보기

1000 m를 1 km라 쓰고 1 킬로미터라고 읽습니다.

> 1000 m = 1 km

4 km보다 700 m 더 긴 것을 4 km 700 m라 쓰고 4 킬로미터 700 미터라고 읽습니다.

> 4 km 700 m = 4700 m

• 분보다 작은 단위 알아보기

초바늘이 작은 눈금 한 칸을 가는 동안 걸리는 시간을 1초라고 합니다.

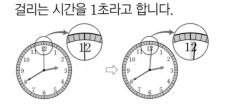

> 작은 눈금 한 칸 = 1초

초바늘이 시계를 한 바퀴 도는 데 걸리는 시간은 60초입니다.

> 60초 = 1분

비법 ④ 시간의 차

$$(시간)-(시간)=(시간)$$

$$
\begin{array}{r}
\ \square\text{시간}\ \square\text{분}\ \square\text{초} \\
-\ \square\text{시간}\ \square\text{분}\ \square\text{초} \\
\hline
\ \square\text{시간}\ \square\text{분}\ \square\text{초}
\end{array}
$$
(☆시간)

$$(시각)-(시간)=(시각)$$

$$
\begin{array}{r}
\ \square\text{시}\ \square\text{분}\ \square\text{초} \\
-\ \square\text{시간}\ \square\text{분}\ \square\text{초} \\
\hline
\ \square\text{시}\ \square\text{분}\ \square\text{초}
\end{array}
$$
(☆시)

$$(시각)-(시각)=(시간)$$

$$
\begin{array}{r}
\ \square\text{시}\ \square\text{분}\ \square\text{초} \\
-\ \square\text{시}\ \square\text{분}\ \square\text{초} \\
\hline
\ \square\text{시간}\ \square\text{분}\ \square\text{초}
\end{array}
$$
(☆시)

비법 ⑤ □시간 □분 □초 후(전)의 시각 구하기

(□시간 □분 □초 후의 시각)=(처음 시각)+(□시간 □분 □초)

예 5시 27분 35초에서 1시간 10분 15초 후의 시각 구하기

5시 27분 35초+1시간 10분 15초=6시 37분 50초

(□시간 □분 □초 전의 시각)=(처음 시각)−(□시간 □분 □초)

예 5시 27분 35초에서 1시간 10분 15초 전의 시각 구하기

5시 27분 35초−1시간 10분 15초=4시 17분 20초

비법 ⑥ 오후 ■시를 다른 방법으로 나타내기

오후 ■시=(■+12)시

오후는 낮 12시가 지난 시각이므로 12시간을 더한 시각으로 나타낼 수 있습니다.

오후 ■시	오후 1시	오후 2시	오후 3시	……	오후 11시
(■+12)시	13시	14시	15시	……	23시

1+12   2+12   3+12   11+12

일·등·특·강

· **시간의 합 구하기**

시간은 시간끼리, 분은 분끼리, 초는 초끼리 더합니다.

$$
\begin{array}{r}
2\text{시간}\ 15\text{분}\ 20\text{초} \\
+\ 3\text{시간}\ 30\text{분}\ \ 5\text{초} \\
\hline
5\text{시간}\ 45\text{분}\ 25\text{초}
\end{array}
$$

초끼리의 합이 60이거나 60보다 크면 60초를 1분으로 받아올림합니다.

$$
\begin{array}{r}
1 \\
1\text{시간}\ 20\text{분}\ 30\text{초} \\
+\ 2\text{시간}\ 30\text{분}\ 40\text{초} \\
\hline
3\text{시간}\ 51\text{분}\ 10\text{초}
\end{array}
$$

분끼리의 합이 60이거나 60보다 크면 60분을 1시간으로 받아올림합니다.

$$
\begin{array}{r}
1 \\
3\text{시간}\ 45\text{분}\ 10\text{초} \\
+\ 4\text{시간}\ 35\text{분}\ 30\text{초} \\
\hline
8\text{시간}\ 20\text{분}\ 40\text{초}
\end{array}
$$

· **시간의 차 구하기**

시간은 시간끼리, 분은 분끼리, 초는 초끼리 뺍니다.

$$
\begin{array}{r}
7\text{시간}\ 35\text{분}\ 40\text{초} \\
-\ 2\text{시간}\ 20\text{분}\ 10\text{초} \\
\hline
5\text{시간}\ 15\text{분}\ 30\text{초}
\end{array}
$$

초끼리 뺄 수 없으면 1분을 60초로 받아내림합니다.

$$
\begin{array}{r}
40\ \ \ \ 60 \\
6\text{시간}\ \cancel{41}\text{분}\ 20\text{초} \\
-\ 3\text{시간}\ 15\text{분}\ 30\text{초} \\
\hline
3\text{시간}\ 25\text{분}\ 50\text{초}
\end{array}
$$

분끼리 뺄 수 없으면 1시간을 60분으로 받아내림합니다.

$$
\begin{array}{r}
8\ \ \ \ 60 \\
\cancel{9}\text{시간}\ 30\text{분}\ 50\text{초} \\
-\ 4\text{시간}\ 55\text{분}\ 20\text{초} \\
\hline
4\text{시간}\ 35\text{분}\ 30\text{초}
\end{array}
$$

5

길이와 시간

1 cm보다 작은 단위 알아보기

- 1 cm＝10 mm
- 22 cm 5 mm＝220 mm＋5 mm
  ＝225 mm

1-1 길이를 바르게 읽어 보시오.

5 cm 9 mm

⇨ _____

1-2 틀린 것을 찾아 기호를 써 보시오.

㉠ 4 cm 6 mm＝46 mm
㉡ 92 mm＝9 cm 2 mm
㉢ 278 mm＝2 cm 78 mm

(　　　　　　　)

창의·융합

1-3 제주에 내리는 비의 양을 cm로 나타내어 보시오.

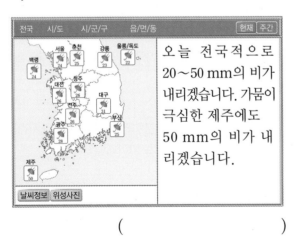

전국 | 시/도 | 시/군/구 | 읍/면/동 | 현재 주간

오늘 전국적으로 20～50 mm의 비가 내리겠습니다. 가뭄이 극심한 제주에도 50 mm의 비가 내리겠습니다.

날씨정보 위성사진

(　　　　　　　)

1-4 장난감의 긴 쪽과 짧은 쪽의 길이를 자로 재어 보시오.

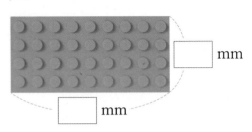

☐ mm
☐ mm

2 m보다 큰 단위 알아보기

- 1000 m＝1 km
- 2 km 500 m＝2000 m＋500 m
  ＝2500 m

2-1 ☐ 안에 알맞은 수를 써넣으시오.

8 km보다 306 m 더 긴 것

☐ km ☐ m

2-2 길이가 같은 것을 찾아 선으로 이어 보시오.

4 km		5370 m
5 km 370 m		4000 m
2095 m		2 km 95 m

2-3 수직선을 보고 □ 안에 알맞은 수를 써넣으시오.

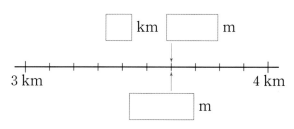

2-4 지효는 <u>구름자</u>를 이용하여 학교 운동장을 5바퀴 돌았더니 1 km 468 m였습니다. 운동장 5바퀴의 거리는 몇 m입니까?

└ 곡선을 그리는 데 쓰는 자

(   )

서술형

2-5 일상생활에서 'km'가 사용되는 예를 찾아 알맞은 문장을 만들어 보시오.

_____

_____

_____

3 길이와 거리를 어림하고 재어 보기

• 길이를 어림하고 확인하기

물건	어림한 길이	잰 길이
연필의 길이	16 cm	15 cm 2 mm
사전의 두께	4 cm	4 cm 3 mm

3-1 지우개 한 개의 길이는 4 cm입니다. 연필의 길이를 어림해 보시오.

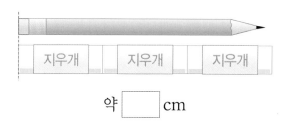

약 ☐ cm

3-2 •보기•에서 알맞은 단위를 골라 □ 안에 써넣으시오.

┌─•보기•─────────────┐
│   mm   cm   m   km   │
└──────────────────────┘

(1) 산책로의 길이는 약 3 ☐ 입니다.

(2) 가위의 길이는 약 12 ☐ 입니다.

(3) 속눈썹의 길이는 약 7 ☐ 입니다.

3-3 길이가 1 km보다 긴 것을 찾아 기호를 써 보시오.

┌──────────────────────┐
│ ㉠ 철봉의 높이   ㉡ 버스의 길이 │
│ ㉢ 서울에서 대전까지의 거리   │
└──────────────────────┘

(   )

 1000 m=1 km이므로 ■000 m=■ km입니다.   6000 m✗600 km   6000 m◯6 km

5

길이와 시간

3-4 수미네 집에서 약 1 km 떨어진 곳에 있는 장소는 어디입니까?

(   )

---

4   분보다 작은 단위 알아보기

• 1초: 초바늘이 작은 눈금 한 칸을 가는 동안 걸리는 시간
• 60초(=1분): 초바늘이 시계를 한 바퀴 도는 데 걸리는 시간

4-1 시각을 읽어 보시오.

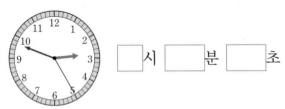

□ 시 □ 분 □ 초

4-2 □ 안에 알맞은 수를 써넣으시오.

(1) 1분 10초 = □ 초

(2) 150초 = □ 분 □ 초

4-3 •보기•와 같이 □ 안에 알맞은 시간의 단위를 써넣으시오.

┌─ 보기 ─────────────────────┐
│ 방을 청소하는 데 걸리는 시간: 30분 │
└──────────────────────────┘

손을 씻는 데 걸리는 시간: 20 □

4-4 '초'를 알맞게 사용한 문장이 <u>아닌</u> 것은 어느 것입니까? ·············· (   )

① 하나부터 열까지 세는 데 5초가 걸립니다.
② 민주는 철봉 매달리기를 10초 동안 하였습니다.
③ 성훈이는 양말을 신는 데 12초가 걸렸습니다.
④ 진영이는 100 m를 30초 안에 뛸 수 있습니다.
⑤ 학교에서 집까지 가는 데 8초가 걸렸습니다.

서술형
4-5 재희는 노래를 75초 동안 불렀습니다. 재희가 노래를 부른 시간은 몇 분 몇 초인지 풀이 과정을 쓰고 답을 구하시오.

풀이 _____

_____

_____

답 _____

5 시간의 합과 차 구하기

- (시간)＋(시간)＝(시간), (시각)＋(시간)＝(시각)
- (시간)－(시간)＝(시간), (시각)－(시간)＝(시각),
  (시각)－(시각)＝(시간)

5-1 계산을 하시오.

(1)
```
    3분 42초
 +  2분 17초
```

(2)
```
    8분 55초
 -  5분 40초
```

5-2 □ 안에 알맞은 시간을 써넣으시오.

5시간 19분 10초

↓

＋20분 15초

↓

[　　　　　]

5-3 민지는 등산을 하였습니다. 올라갈 때에는 1시간 40분 12초, 내려올 때에는 1시간 15분 36초가 걸렸습니다. 민지가 등산하는 데 걸린 시간은 모두 몇 시간 몇 분 몇 초입니까?

(　　　　　　)

5-4 신데렐라는 오후 11시 45분 50초에 무도회장에서 나와야 합니다. 지금 시각이 오후 10시 5분 25초라면 신데렐라는 앞으로 몇 시간 몇 분 몇 초 동안 무도회장에 있을 수 있습니까?

(　　　　　　)

서술형

5-5 오른쪽의 타조와 치타의 10 km 달리기 기록을 보고 어떤 동물이 몇 분 몇 초 더 빨리 달렸는지 풀이 과정을 쓰고 답을 구하시오.

동물	기록
타조	7분 50초
치타	6분 45초

풀이 _____

_____

_____

답 _____ , _____

창의·융합

5-6 KTX를 타고 용산역에서 전주역까지 가는 데 걸리는 시간은 몇 시간 몇 분 몇 초입니까?

열차 도착 안내　　　현재시각 6:27

열차	출발역	출발 시각	도착역	도착 시각
KTX	용산역	9:10:16	전주역	10:58:47

(　　　　　　)

- (시간)＋(시간)＝(시간)
  예 집에 도착해서 1시간 동안 책을 읽고, 1시간 동안 밥을 먹었더니 2시간이 지났습니다.
- (시간)－(시간)＝(시간)
  예 집에서 동물원까지 2시간이 걸리고, 식물원까지 1시간이 걸리므로 집에서 동물원까지 가는 것이 1시간 더 걸립니다.

응용 1

□ 안에 알맞은 수 구하기

(2) □ 안에 들어갈 수가 더 큰 것의 기호를 써 보시오.

> (1) ㉠ 4 cm ⬜ mm=41 mm   (1) ㉡ 32 mm=3 cm ⬜ mm

(   )

해결의 법칙!
(1) 길이를 다른 방법으로 나타내어 봅니다.
(2) □ 안에 들어갈 수의 크기 비교를 합니다.

예제 1-1 □ 안에 들어갈 수가 더 큰 것의 기호를 써 보시오.

> ㉠ 7509 m=7 km ⬜ m   ㉡ 2 km ⬜ m=2860 m

(   )

예제 1-2 □ 안에 들어갈 수가 가장 작은 것을 찾아 기호를 써 보시오.

> ㉠ 3070 m=3 km ⬜ m   ㉡ 6 km ⬜ m=6021 m
>
> ㉢ ⬜ km 100 m=9100 m   ㉣ 8005 m=8 km ⬜ m

(   )

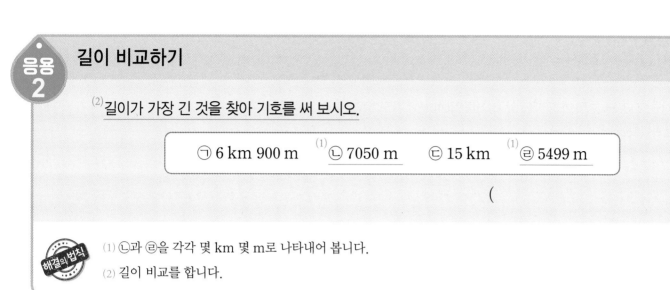

응용 2

길이 비교하기

$^{(2)}$길이가 가장 긴 것을 찾아 기호를 써 보시오.

| ㉠ 6 km 900 m | $^{(1)}$ ㉡ 7050 m | ㉢ 15 km | $^{(1)}$ ㉣ 5499 m |

( )

해결의 법칙
$^{(1)}$ ㉡과 ㉣을 각각 몇 km 몇 m로 나타내어 봅니다.
$^{(2)}$ 길이 비교를 합니다.

예제 2-1 길이가 가장 긴 것을 찾아 기호를 써 보시오.

| ㉠ 460 mm | ㉡ 38 cm 9 mm |
| ㉢ 14 cm 7 mm | ㉣ 845 mm |

( )

예제 2-2 민수네 집에서 여러 친척 댁까지의 거리를 나타낸 것입니다. 민수네 집에서 가장 먼 곳과 가장 가까운 곳을 각각 찾아 써 보시오.

| 삼촌 댁: 7030 m | 할아버지 댁: 7 km 300 m |
| 이모 댁: 9 km | 고모 댁: 6008 m |

가장 먼 곳 ( )
가장 가까운 곳 ( )

STEP 2 응용 유형 익히기

응용 3 시간 비교하기

진구네 모둠의 오래달리기 기록입니다. ⁽²⁾가장 빨리 달린 사람은 누구입니까?

이름	진구	다현	현지
기록	1분 20초	⁽¹⁾98초	2분 4초

(   )

(1) 다현이의 오래달리기 기록을 몇 분 몇 초로 나타내어 봅니다.

(2) 시간 비교를 합니다.

예제 3-1 큐브의 한 면을 같은 색으로 맞추는 데 걸린 시간입니다. 가장 빨리 맞춘 사람은 누구입니까?

이름	성진	지민	범수	아영
걸린 시간	5분 49초	325초	6분 26초	483초

(   )

예제 3-2 책을 읽는 데 걸린 시간입니다. 책을 가장 오래 읽은 사람은 누구입니까?

이름	규혁	세진	창현	유빈
걸린 시간	1시간 20분	95분	1시간 45분	125분

(   )

응용 4 시간의 합 구하기

효진이가 ⁽¹⁾방을 청소하는 데 940초, /⁽²⁾거실을 청소하는 데 32분 15초 걸렸습니다. 효진이가 방과 거실을 청소하는 데 걸린 시간은 몇 분 몇 초입니까?

( )

⑴ 효진이가 방을 청소하는 데 걸린 시간을 몇 분 몇 초로 나타내어 봅니다.

⑵ 각각 걸린 시간의 합을 구해 봅니다.

5

길이와 시간

예제 4 - 1 인터넷 기사에서 2등을 한 선수의 기록은 몇 시간 몇 분 몇 초입니까?

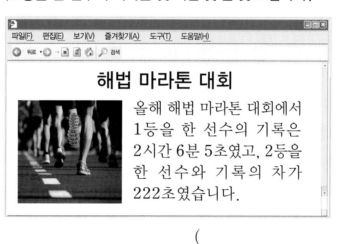

( )

예제 4 - 2 오른쪽은 기차가 서울역에서 출발한 시각입니다. 기차가 2시간 45분 14초 후에 부산역에 도착했다면 부산역에 도착한 시각은 몇 시 몇 분 몇 초입니까?

( )

동영상 강의

응용 5 시간의 차 구하기

영화가 시작한 시각과 끝난 시각을 나타낸 것입니다. ⁽²⁾영화 상영 시간은 몇 시간 몇 분 몇 초입니까?

시작한 시각   끝난 시각

(   )

해결의 법칙

(1) 영화가 시작한 시각과 끝난 시각을 각각 알아봅니다.

(2) 두 시각의 차를 구해 봅니다.

예제 **5 – 1** 비가 내리기 시작한 시각과 그친 시각을 나타낸 것입니다. 비가 내린 시간은 몇 시간 몇 분 몇 초입니까?

내리기 시작한 시각   그친 시각

(   )

예제 **5 – 2** 오른쪽은 승연이가 도서관에 들어간 시각입니다. 민우는 승연이가 도서관에 들어가기 1시간 51분 13초 전에 들어갔습니다. 민우가 도서관에 들어간 시각은 몇 시 몇 분 몇 초입니까?

(   )

응용 6 더 가까운 길 구하기

민주네 집에서 학교까지 가는 길은 다음과 같습니다. ⁽²⁾㉠ 길과 ㉡ 길 중에서 어느 길이 더 가깝습니까?

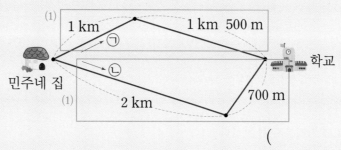

(   )

⑴ ㉠ 길과 ㉡ 길의 길이를 각각 몇 km 몇 m로 나타내어 봅니다.

⑵ 길이 비교를 합니다.

5

길이와 시간

예제 6-1 우체국에서 서점까지 가는 길은 다음과 같습니다. ㉠ 길과 ㉡ 길 중에서 어느 길이 더 가깝습니까?

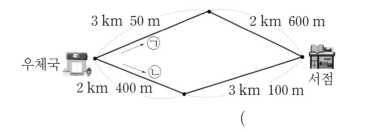

(   )

예제 6-2 놀이터에서 도서관까지 가는 길은 다음과 같습니다. 약국과 경찰서 중에서 어디를 거쳐서 가는 길이 더 멉니까?

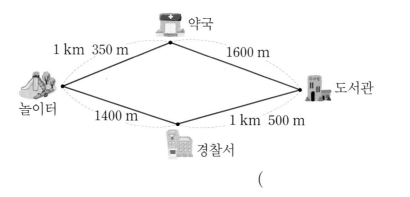

(   )

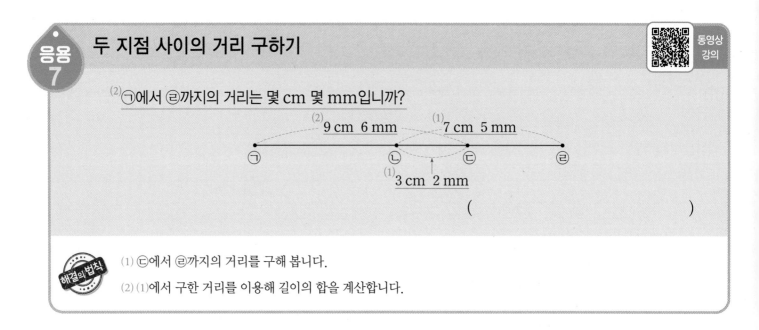

응용 7 두 지점 사이의 거리 구하기

(2)㉠에서 ㉣까지의 거리는 몇 cm 몇 mm입니까?

( )

해결의법칙 (1) ㉢에서 ㉣까지의 거리를 구해 봅니다.

(2) (1)에서 구한 거리를 이용해 길이의 합을 계산합니다.

예제 **7 - 1** ㉠에서 ㉣까지의 거리는 몇 km 몇 m입니까?

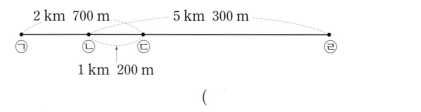

( )

예제 **7 - 2** 학교에서 도서관까지의 거리는 몇 km 몇 m입니까?

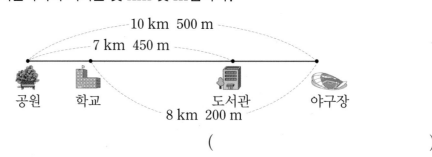

( )

동영상 강의

낮과 밤의 길이 구하기

어느 날 ⁽²⁾해가 뜬 시각은 오전 6시 3분 14초이고, 해가 진 시각은 ⁽¹⁾오후 6시 39분 56초/ 입니다. /
⁽³⁾이날의 낮의 길이는 밤의 길이보다 몇 시간 몇 분 몇 초 더 깁니까?

(   )

⑴ 해가 진 시각을 다른 방법으로 나타내어 봅니다.

⑵ 이날의 낮의 길이와 밤의 길이를 각각 구해 봅니다.

⑶ ⑵에서 구한 두 시간의 차를 구해 봅니다.

5

길이와 시간

예제 8-1 어느 날 해가 뜬 시각은 오전 7시 45분 28초이고, 해가 진 시각은 오후 5시 46분 53초
입니다. 이날의 밤의 길이는 낮의 길이보다 몇 시간 몇 분 몇 초 더 깁니까?

(   )

예제 8-2 어느 날 해가 뜬 시각과 해가 진 시각입니다. 이날의 낮의 길이는 밤의 길이보다 몇 시간
몇 분 몇 초 더 깁니까?

오전

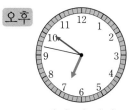

오후

해가 뜬 시각   해가 진 시각

(   )

cm보다 작은 단위 알아보기 [창의·융합]

1 기사를 읽고 강원도의 올해 장마 기간에 내린 비의 양은 몇 cm 몇 mm인지 구하시오.

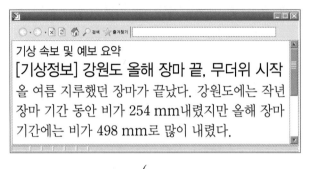

기상 속보 및 예보 요약

[기상정보] 강원도 올해 장마 끝, 무더위 시작

올 여름 지루했던 장마가 끝났다. 강원도에는 작년 장마 기간 동안 비가 254 mm 내렸지만 올해 장마 기간에는 비가 498 mm로 많이 내렸다.

( )

분보다 작은 단위 알아보기

2 🐴쌍둥이 ▶동영상 다음 시계에는 숫자가 쓰여 있지 않습니다. 이 시계가 가리키는 시각은 몇 시 몇 분 몇 초입니까? (단, 시계를 똑바로 걸어 놓은 것입니다.)

( )

길이와 거리 어림하기

3 🐴쌍둥이 단위를 잘못 쓴 문장을 찾아 기호를 쓰시오.

㉠ 색연필의 길이는 약 125 mm입니다.
㉡ 백두산의 높이는 약 2750 cm입니다.
㉢ 운동장 긴 쪽의 길이는 약 90 m입니다.

( )

길이와 거리 어림하기

4 지수가 책상 긴 쪽의 길이를 뼘으로 재어 보았더니 6뼘의 길이와 비슷했습니다. 지수의 한 뼘이 14 cm일 때 책상 긴 쪽의 길이는 약 몇 cm인지 구하시오.

약 (   )

m보다 큰 단위 알아보기

5 지우네 집에서 가까운 순서대로 써 보시오.

◐쌍둥이

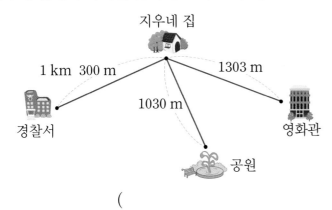

(   )

시간의 차 구하기

6 □ 안에 알맞은 수를 써넣으시오.

	시간		분		초
+ 4	시간	25	분	30	초
7	시간	46	분	20	초

길이의 합 구하기 　　　　　　　　　　　　　　창의·융합

7 철인 3종 경기인 트라이애슬론은 한 선수가 수영, 자전
거, 달리기 세 종목을 휴식 없이 연이어 실시하는 경기
입니다. 다음은 올림픽 코스입니다. 철인 3종 경기를 하
는 전체 거리는 몇 km 몇 m입니까?

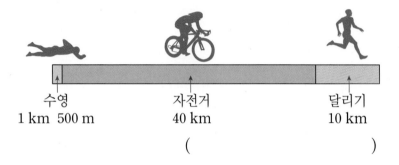

수영　　　　　　자전거　　　　　　달리기
1 km 500 m　　40 km　　　　　　10 km

(　　　　　　　　　　　　　　)

시간의 합 구하기 　　　　　　　　　　　　　　서술형

8 3시 21분＋6분 35초를 잘못 계산한 것입니다. 그 이유
를 쓰고 바르게 고쳐 계산하시오.

이유

$$
\begin{array}{r}
3시\ \ 21분 \\
+\quad 6분\ \ 35초 \\
\hline
9시\ \ 56분
\end{array}
$$

cm보다 작은 단위 알아보기

9 영민이가 가지고 있는 세 리본의 길이입니다. 가장 긴
리본은 무슨 색이고 길이는 몇 cm 몇 mm입니까?

- 빨간색 리본은 200 mm보다 45 mm 더 깁니다.
- 노란색 리본은 20 cm보다 30 mm 더 깁니다.
- 초록색 리본은 400 mm보다 180 mm 더 짧습니다.

(　　　　　　　), (　　　　　　　)

⚙ 정답은 **46**쪽

🔲 ⬗쌍둥이 표시된 문제의 쌍둥이 문제가 제공됩니다.
▶동영상 표시된 문제의 동영상 특강을 볼 수 있어요.

시간의 합 구하기

10 윤후는 창덕궁을 1시간 25분 10초 동안 관람하였습니다. 윤후가 창덕궁 관람을 끝낸 시각을 오른쪽 시계에 나타내어 보시오.

⬗쌍둥이
▶동영상

시작한 시각   끝낸 시각

시간의 합과 차 구하기   창의·융합

11 보라가 일어난 시각은 몇 시 몇 분입니까?

⬗쌍둥이
▶동영상

늦어서 미안해. 보라
민준

약속한 시각은 10시 30분인데 24분이나 늦었어.

일어나자마자 10분 동안 세수하고, 15분 동안 준비하고, 오는 데 12분 걸렸어.

(   )

m보다 큰 단위 알아보기

12 재연이네 배추밭은 직사각형 모양이고 무밭은 정사각형 모양입니다. 재연이네 배추밭의 네 변의 길이의 합과 무밭의 네 변의 길이의 합의 차는 몇 m입니까?

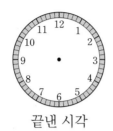

1 km

430 m

700 m

(   )

5

길이와 시간

시간의 차 구하기 서술형

13 청소를 시작한 시각과 끝낸 시각을 나타낸 것입니다. 청
쌍둥이 소를 하는 데 걸린 시간은 몇 시간 몇 분 몇 초인지 풀이
과정을 쓰고 답을 구하시오.

시작한 시각

끝낸 시각

( )

풀이

가리키는 시각 구하기

14 한 시간 동안 3초씩 빨라지는 고장난 시계를 오늘 오후
2시에 정확히 맞추었습니다. 4일 후 오후 2시에 이 시계
가 가리키는 시각은 오후 몇 시 몇 분 몇 초입니까?

오후 ( )

길이의 합과 차 구하기

15 다음은 각 시청 사이의 직선 거리입니다. 서울시청에서
쌍둥이 대전시청을 거쳐 목포시청까지의 거리는 서울시청에서
동영상 대구시청을 거쳐 부산시청까지의 거리보다 몇 km 몇 m
더 멉니까?

서울시청

울릉도
독도

139 km 950 m   237 km 620 m

대전시청

대구시청
88 km 100 m

194 km 550 m

부산시청

목포시청

제주

( )

두 지점 사이의 거리 구하기   서술형

16 ㉠에서 ㉡까지의 거리는 몇 km 몇 m인지 풀이 과정을
◐쌍둥이 쓰고 답을 구하시오.
◐동영상

```
        3 km  500 m          4 km  10 m
    ●─────────●──────────●──────────────●
    ㉠          ㉡          ㉢              ㉣
                    5 km  600 m
```

(　　　　　　　　)

{풀이}
_____

_____

_____

_____

시간의 차 구하기

17 어느 버스의 종점에서 10분 20초 간격으로 버스가 출발
하고 있습니다. 9번째 버스가 출발한 시각이 오전 6시
30분 50초라면 첫 번째 버스가 출발한 시각은 오전 몇
시 몇 분 몇 초입니까?

오전 (　　　　　　)

_____

_____

_____

5

길이와 시간

낮과 밤의 길이 구하기

18 어느 날 해가 뜬 시각과 해가 진 시각입니다. 이날의 낮의
◐쌍둥이 길이는 밤의 길이보다 몇 시간 몇 분 몇 초 더 깁니까?
◐동영상

해가 뜬 시각

해가 진 시각

(　　　　　　　　)

_____

_____

_____

_____

5. 길이와 시간

1 시각을 읽어 보시오.

(   )

2 □ 안에 알맞은 수를 써넣으시오.

(1) 2분 35초 = [   ] 초

(2) 350초 = [   ] 분 [   ] 초

3 계산을 하시오.

```
    4시    20분   19초
+   6시간  23분   30초
```

4 수직선을 보고 □ 안에 알맞은 수를 써넣으시오.

2 km ——————————————— 3 km

[   ] km [   ] m

5 길이를 비교하여 ○ 안에 >, =, < 중 알맞은 것을 써넣으시오.

2 km ◯ 1900 m

6 다음 중 틀린 것은 어느 것입니까? ···· (   )

① 5 cm = 50 mm

② 7 km = 7000 m

③ 6 cm 8 mm = 68 mm

④ 3 km 40 m = 340 m

⑤ 26 mm = 2 cm 6 mm

7 빈 곳에 알맞은 시간을 써넣으시오.

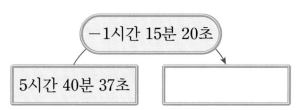

－1시간 15분 20초

5시간 40분 37초

서술형

8 '2시간 30분'을 넣어 문장을 만들어 보시오.

_____

_____

_____

9 • 보기 • 에서 알맞은 단위를 골라 □ 안에 써넣으시오.

┌─ 보기 ─────────────────────┐
  mm   cm   m   km
└────────────────────────────┘

(1) 교실 문의 높이는 약 2 [   ]입니다.

(2) 클립 짧은 쪽의 길이는 약 7 [   ]입니다.

(3) 등산로의 길이는 약 3 [   ]입니다.

10 유경이는 자전거를 타고 2 km보다 130 m 더 먼 거리를 갔습니다. 유경이가 자전거를 타고 간 거리는 몇 km 몇 m입니까?

(   )

서술형

11 정우와 혜미는 500 m 달리기를 했습니다. 정우의 기록은 2분 39초, 혜미의 기록은 163초였습니다. 기록이 더 좋은 사람은 누구인지 풀이 과정을 쓰고 답을 구하시오.

풀이 _____

_____

_____

_____

답 _____

5

길이와 시간

12 길이가 긴 것부터 차례로 기호를 써 보시오.

| ㉠ 2900 m | ㉡ 2 km 80 m |
| ㉢ 2 km | ㉣ 2500 m |

( )

14 서울고속버스터미널에서 동대구터미널까지 걸리는 시간은 2시간 29분 35초인데 길이 막혀 2시간 37분 45초 걸렸습니다. 몇 분 몇 초 더 걸렸습니까?

( )

창의·융합

13 기상특보 발표 기준을 보고 호우 경보를 발표해야 하는 지역을 찾아 써 보시오.

〈기상특보 발표 기준〉

| 호우 경보 | 3시간 동안 내릴 비의 양이 90 mm 이거나 90 mm보다 많을 때 |

〈3시간 동안 내릴 비의 양〉

지역	비의 양	지역	비의 양
서울/경기도	7 cm 8 mm	전라남·북도	5 cm 6 mm
강원도	3 cm 4 mm	경상남·북도	9 cm 2 mm

( )

창의·융합

15 동훈이는 가족과 함께 눈과 얼음 축제에 다녀왔습니다. 동훈이가 물고기를 잡는 데 걸린 시간을 구하시오.

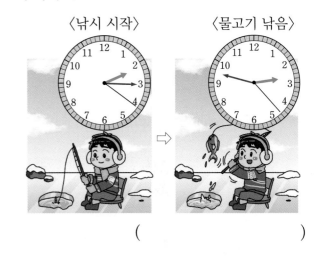

〈낚시 시작〉　　〈물고기 낚음〉

( )

16 □ 안에 알맞은 수를 써넣으시오.

```
      5 시  [    ] 분   37 초
  + [   ] 시간   25 분  [    ] 초
  ─────────────────────────────
      8 시     39 분    48 초
```

19 오른쪽 시계가 나타내는 시각에서 250분 전의 시각은 몇 시 몇 분 몇 초인지 풀이 과정을 쓰고 답을 구하시오. 〔서술형〕

풀이 _____

_____

_____

_____

답 _____

17 어떤 개미가 일을 더 오래 했습니까?

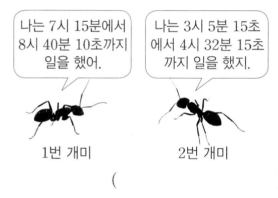

나는 7시 15분에서 8시 40분 10초까지 일을 했어.

나는 3시 5분 15초에서 4시 32분 15초까지 일을 했지.

1번 개미   2번 개미

(   )

20 어느 날 가 도시와 나 도시에서 해가 뜬 시각과 해가 진 시각을 나타낸 표입니다. 두 도시 중 어느 도시의 낮의 길이가 몇 분 몇 초 더 긴지 차례로 쓰시오.

도시 〳 시각	해가 뜬 시각	해가 진 시각
가 도시	5시 27분 5초	19시 50분 24초
나 도시	5시 18분 16초	19시 43분 39초

(   ),(   )

18 ㉠에서 ㉢까지의 거리는 몇 km 몇 m입니까?

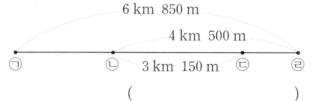

```
         6 km  850 m
              4 km  500 m
  ㉠      ㉡   3 km  150 m  ㉢      ㉣
```

(   )

길이와 시간

5

✿ 정답은 **50**쪽

1 세계의 각 나라마다 시각이 다릅니다. 다음은 우리나라의 서울과 인도의 뉴델리의 현재 시각을 나타낸 것입니다. 서울이 오후 1시일 때 뉴델리의 시각을 구하시오.

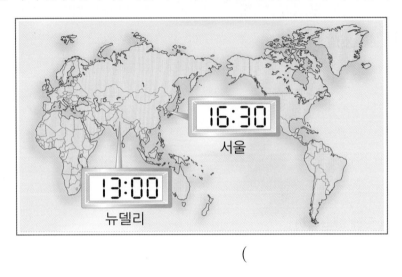

(   )

2 현석이는 연극을 보려고 공연장에 도착하여 시계를 보았더니 오른 쪽과 같았습니다. 현석이는 도착한 시각에서 가장 가까운 시각에 시 작하는 연극을 보려고 합니다. 몇 시간 몇 분 몇 초를 기다려야 합니 까? (단, 시간이 지난 공연은 볼 수 없습니다.)

〈공연 시간표〉

1회	12시 15분	3회	5시 15분
2회	2시 45분	4회	7시 45분

(   )

6

분수와 소수

6. 분수와 소수

비법 ① 몇 개인지 알아보기 ― 분수

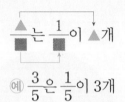

예 $\dfrac{3}{5}$은 $\dfrac{1}{5}$이 3개

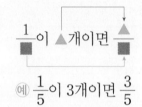

예 $\dfrac{1}{5}$이 3개이면 $\dfrac{3}{5}$

비법 ② 분수의 크기 비교

(1) 단위분수는 ☆분모가 작을수록 큰 수입니다.

(2) 분모가 같은 분수는 ☆분자가 클수록 큰 수입니다.

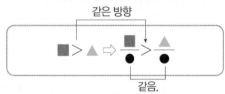

(3) 분자가 같은 분수는 ☆분모가 작을수록 큰 수입니다.

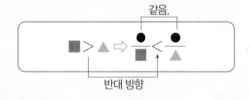

비법 ③ cm와 mm의 길이를 cm로 나타내기

3 cm 5 mm
⇨ 3 cm보다 0.5 cm 더 긴 길이
⇨ 3.5 cm

▲ mm=0.▲ cm
■ cm ▲ mm=■.▲ cm

일·등·특·강

• 분수 알아보기
전체를 똑같이 4로 나눈 것 중의 3
⇨ 쓰기: $\dfrac{3}{4}$ ←분자 / ←분모
읽기: 4분의 3

• 분수의 크기 비교
(1) 단위분수는 분모가 작을수록 큰 수입니다. (분자가 1인 분수)
$$6<8 \Rightarrow \dfrac{1}{6}>\dfrac{1}{8}$$

(2) 분모가 같은 분수는 분자가 클수록 큰 수입니다.
$$3<5 \Rightarrow \dfrac{3}{7}<\dfrac{5}{7}$$

(3) 분자가 같은 분수는 분모가 작을수록 큰 수입니다.
$$7<9 \Rightarrow \dfrac{4}{7}>\dfrac{4}{9}$$

• mm를 cm로 나타내기
1 cm＝10 mm이므로
$1 mm=\dfrac{1}{10} cm=0.1 cm$
$▲ mm=\dfrac{▲}{10} cm=0.▲ cm$

비법 ④ 몇 개인지 알아보기 — 소수

■.▲는 0.1이 ■▲개 | 0.1이 ■▲개이면 ■.▲

예 1.4는 0.1이 14개 | 예 0.1이 14개이면 1.4

비법 ⑤ 소수의 크기 비교

소수점 ☆왼쪽의 수를 먼저 비교합니다.

| 소수점 왼쪽의 수가 다른 경우 | ⇒ | 소수점 왼쪽의 수가 클수록 큰 수 |

예 $3.4 > 1.7$ $2.6 < 4.1$
$3>1$ $2<4$

| 소수점 왼쪽의 수가 같은 경우 | ⇒ | 소수점 오른쪽의 수가 클수록 큰 수 |

예 $3.4 > 3.2$ $4.6 < 4.8$
$4>2$ $6<8$

비법 ⑥ 수 카드로 가장 큰, 작은 소수 ■.▲ 만들기

수 카드에서 수의 크기가 ④ > ③ > ② > ① 일 때

가장 ☆큰 소수	가장 ☆작은 소수
④.③	①.②
큰 수부터	작은 수부터

둘째로 큰 소수	둘째로 작은 소수
④.②	①.③
가장 큰 수┘ └세 번째로 큰 수	가장 작은 수┘ └세 번째로 작은 수

· 소수 알아보기

분수	소수로 쓰기	소수 읽기
$\frac{1}{10}$	0.1	영 점 일
$\frac{2}{10}$	0.2	영 점 이
⋮	⋮	⋮
$\frac{9}{10}$	0.9 ← 소수점	영 점 구

· 소수의 크기 비교

① 소수점 왼쪽의 수가 클수록 큰 수입니다.

$2.1 > 1.9$
$2>1$

② 소수점 왼쪽의 수가 같으면 소수점 오른쪽의 수가 클수록 큰 수입니다.

$3.5 < 3.8$
$5<8$

· 수 카드 1, 2, 3 을 한 번씩만 사용하여 소수 ■.▲ 만들기

⑴ 가장 큰 소수: 3.2

⑵ 가장 작은 소수: 1.2

6

분수와 소수

---

1 똑같이 나누기

똑같이 나누어진 것은 나누어진 부분들의 크기와 모양이 같습니다.

1-1 똑같이 몇으로 나누었는지 ☐ 안에 알맞은 수를 써넣으시오.

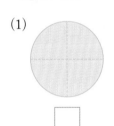 (1) 　(2)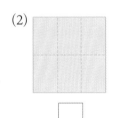

☐ 　☐

1-2 똑같이 나누어진 도형을 모두 고르시오.

······························(　　)

 ① 　 ② 　 ③

 ④ 　 ⑤

창의·융합

1-3 백설공주와 일곱 난쟁이가 피자를 나누어 먹을 수 있도록 똑같이 여덟으로 나누어 보시오.

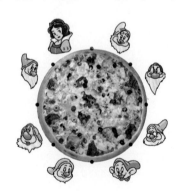

---

2 분수 알아보기

• 전체를 똑같이 3으로 나눈 것 중의 2

쓰기	읽기
$\dfrac{2}{3}$ ← 분자 ← 분모	3분의 2

2-1 ☐ 안에 알맞은 수를 써넣으시오.

부분  은 전체 를

똑같이 ☐ (으)로 나눈 것 중의 ☐ 입니다.

2-2 색칠한 부분과 색칠하지 않은 부분을 분수로 나타내어 보시오.

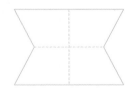

색칠한 부분: ☐

색칠하지 않은 부분: ☐

2-3 주어진 분수만큼 색칠해 보시오.

$\dfrac{3}{4}$

2-4 부분을 보고 전체를 그려 보시오.

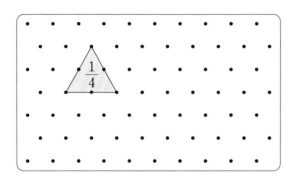

2-5 분수 $\frac{3}{7}$ 을 잘못 설명한 사람의 이름을 쓰시오.

- 승민: 전체를 똑같이 7로 나눈 것 중의 3이야.
- 은희: 7은 분모이고 3은 분자야.
- 윤석: 3분의 7이라고 읽어.

(   )

서술형

2-6 상현이는 사과 1개를 똑같이 8조각으로 나누어 3조각을 먹었습니다. 남은 사과를 분수로 나타내면 얼마인지 풀이 과정을 쓰고 답을 구하시오.

풀이 _____

_____

_____

_____

답 _____

---

3   **분수의 크기 비교하기**

- 단위분수는 분모가 작을수록 큰 수입니다.
- 분모가 같은 분수는 분자가 클수록 큰 수입니다.

3-1 두 분수의 크기를 비교하여 ○ 안에 >, < 중 알맞은 것을 써넣으시오.

(1) $\frac{1}{5}$ ◯ $\frac{1}{2}$ (2) $\frac{3}{6}$ ◯ $\frac{2}{6}$

3-2 가장 큰 분수에 ◯표 하시오.

| $\frac{1}{7}$ | $\frac{1}{10}$ | $\frac{1}{3}$ |

3-3 분수의 크기 비교를 바르게 한 사람은 누구입니까?

경은   윤호   현우

(   )

6

분수와 소수

  ⇨ 전체를 똑같이 ■로 나눈 것 중의 ▲

$\frac{4}{6}$ 만큼 색칠하기

전체를 똑같이 나누지 않았습니다. ─

3-4 $\frac{5}{9}$보다 큰 분수는 모두 몇 개입니까?

| $\frac{7}{9}$ | $\frac{3}{9}$ | $\frac{8}{9}$ | $\frac{6}{9}$ | $\frac{4}{9}$ |

(   )

서술형

3-5 같은 크기의 빵을 소정이는 전체의 $\frac{1}{3}$만큼, 연실이는 전체의 $\frac{1}{4}$만큼 먹었습니다. 빵을 누가 더 많이 먹었는지 풀이 과정을 쓰고 답을 구하시오.

풀이 _____

_____

_____

_____

답 _____

| **4** | 소수 알아보기 |

• $\frac{1}{10}$, $\frac{2}{10}$, $\frac{3}{10}$, …, $\frac{9}{10}$를 0.1, 0.2, 0.3, …, 0.9라 쓰고 영 점 일, 영 점 이, 영 점 삼, …, 영 점 구라고 읽습니다.

0.1, 0.2, 0.3, …, 0.9와 같은 수를 소수라고 하고, '.'을 소수점이라고 합니다.

• 5와 0.4만큼을 5.4라 쓰고 오 점 사라고 읽습니다.

4-1 □ 안에 알맞은 소수를 써넣으시오.

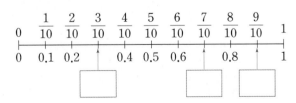

4-2 색칠한 부분을 분수와 소수로 각각 나타내어 보시오.

| 분수 | |
| 소수 | |

4-3 관계있는 것끼리 선으로 이어 보시오.

4 mm	·	·	0.7 cm
7 mm	·	·	0.4 cm
5 mm	·	·	0.5 cm

4-4 □ 안에 알맞은 수를 써넣으시오.

(1) 3.6은 0.1이 □ 개입니다.

(2) 0.1이 79개이면 □ 입니다.

4-5 현수의 신발의 길이는 225 mm입니다. 현수의 신발의 길이를 cm로 나타내어 보시오.

225 mm

(   )

창의·융합

4-6 준서의 일기를 읽고 전체 초콜릿을 1로 보았을 때 준서가 먹은 초콜릿을 소수로 나타내어 보시오.

○월 ○일 ○요일 날씨:

제목 : 초콜릿
엄마께서 초콜릿을 한 개 주셨다.
다 먹으면 이가 썩을 것 같아서 똑같이
10조각으로 나눈 것 중 6조각만 먹었다.

( )

---

5 소수의 크기 비교하기

① 소수점 왼쪽의 수가 클수록 큰 수입니다.
② 소수점 왼쪽의 수가 같으면 소수점 오른쪽의 수가 클수록 큰 수입니다.

5-1 두 소수의 크기를 비교하여 ○ 안에 >, < 중 알맞은 것을 써넣으시오.

0.1이 4개인 수 ◯ 0.9

5-2 2.1보다 큰 소수를 찾아 써 보시오.

| 2.3 | 1.9 | 0.4 |

( )

5-3 현아와 재범이의 50 m 달리기 기록입니다. 더 빨리 달린 사람의 이름을 써 보시오.

현아: 14.3초   재범: 13.5초

( )

5-4 □ 안에 들어갈 수 있는 수를 모두 찾아 ◯표 하시오.

5.4<5.□<5.8

(3 , 4 , 5 , 6 , 7 , 8)

서술형

5-5 수지네 집에서 기차역까지의 거리는 3.4 km이고 도서관까지의 거리는 2.7 km입니다. 기차역과 도서관 중에서 어느 곳이 수지네 집과 더 가까운지 풀이 과정을 쓰고 답을 구하시오.

풀이 _____

_____

_____

답 _____

6

분수와 소수

해결의창 0.1이 ■▲개인 수를 0.■▲라고 생각하여 틀리지 않도록 주의합니다.   0.1이 25개인 수 ⇨ ~~0.25~~   2.5

응용
1

똑같이 나누기

준희네 학교 운동회 날입니다. 운동장에는 만국기가 걸려 있습니다. ⁽²⁾똑같이 나누어진 국기는 모두 몇 개입니까?

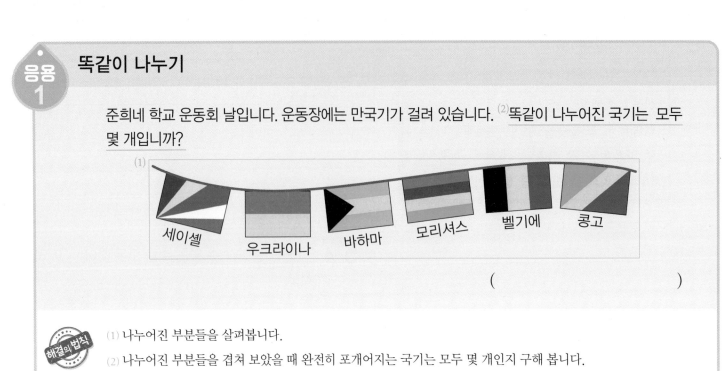

(   )

해결의 법칙

(1) 나누어진 부분들을 살펴봅니다.

(2) 나누어진 부분들을 겹쳐 보았을 때 완전히 포개어지는 국기는 모두 몇 개인지 구해 봅니다.

예제 **1**-1 똑같이 나누어지지 <u>않은</u> 햄버거를 찾아 ×표 하시오.

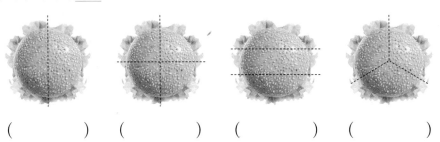

(   ) (   ) (   ) (   )

예제 **1**-2 여러 가지 방법으로 색종이를 똑같이 여덟으로 나누어 보시오.

응용 2 분수 알아보기

⁽¹⁾색칠한 부분이 나타내는 분수가 /⁽²⁾나머지와 다른 것을 찾아 기호를 써 보시오.

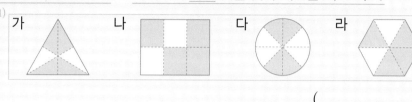

(   )

⁽¹⁾ 전체를 똑같이 몇으로 나누어 몇을 색칠했는지 알아봅니다.

⁽²⁾ 전체를 똑같이 몇으로 나누었는지 비교해봅니다.

예제 **2**-1 색칠한 부분이 나타내는 분수가 나머지와 다른 것을 찾아 기호를 써 보시오.

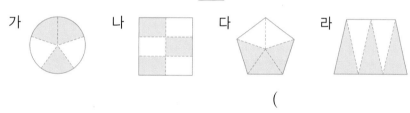

(   )

예제 **2**-2 남은 부분이 나타내는 분수가 나머지와 다른 것을 찾아 기호를 써 보시오.

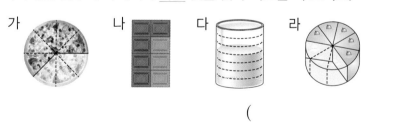

(   )

6

분수와 소수

응용 **3** 분수의 크기 비교하기

피자 한 판을 시켜서 아버지는 전체의 $^{(1)}\frac{1}{4}$ 만큼, 어머니는 전체의 $^{(1)}\frac{1}{2}$ 만큼, 혜림이는 전체의 $^{(1)}\frac{1}{6}$ 만큼 먹었습니다. $^{(2)}$가장 적게 먹은 사람은 누구입니까?

(   )

(1) 주어진 단위분수의 크기를 비교해 봅니다.

(2) (1)의 단위분수 중 가장 작은 단위분수를 알아봅니다.

예제 **3-1** 같은 길이의 철사를 정은이는 전체의 $\frac{4}{12}$ 만큼, 지민이는 전체의 $\frac{1}{12}$ 만큼, 승호는 전체의 $\frac{5}{12}$ 만큼 사용했습니다. 철사를 가장 많이 사용한 사람은 누구입니까?

(   )

예제 **3-2** 같은 양의 콜라를 아라는 전체의 $\frac{8}{9}$ 만큼, 윤주는 전체의 $\frac{10}{11}$ 만큼, 미정이는 전체의 $\frac{7}{8}$ 만큼 마셨습니다. 남은 콜라는 누가 가장 많습니까?

(   )

응용 4 조건을 만족하는 분수 구하기

(2)1부터 9까지의 수 중에서 □ 안에 들어갈 수 있는 수는 모두 몇 개입니까?

(1) $\dfrac{\square}{11} < \dfrac{5}{11}$

(   )

(1) 부등호가 성립할 때 □의 범위를 알아봅니다.

(2) 부등호가 성립할 때 □ 안에 들어갈 수 있는 수의 개수를 구해 봅니다.

예제 4 – 1 2부터 9까지의 수 중에서 ■가 될 수 있는 수는 모두 몇 개입니까?

$\dfrac{1}{\blacksquare} < \dfrac{1}{6}$

(   )

예제 4 – 2 조건을 모두 만족하는 분수를 모두 써 보시오.

• 단위분수입니다.

• $\dfrac{1}{12}$보다 큰 분수입니다.

• 분모는 7보다 큽니다.

(   )

6

분수와 소수

소수로 나타내기

(1)피자를 똑같이 10조각으로 나누었습니다. 민아는 그중 2조각을 먹고, 재우는 3조각을 먹었습니다. /(2)민아와 재우가 먹고 남은 피자는 전체의 얼마인지 소수로 나타내어 보시오.

( )

해결의 법칙
(1) 민아와 재우가 먹고 남은 피자의 조각 수를 구해 봅니다.
(2) 남은 피자는 전체 조각 수 중 몇 조각인지 알아봅니다.

예제 5-1 식빵을 똑같이 10조각으로 나누었습니다. 효진이는 그중 3조각을 먹고, 승우는 4조각을 먹었습니다. 효진이와 승우가 먹고 남은 식빵은 전체의 얼마인지 소수로 나타내어 보시오.

( )

예제 5-2 밭을 똑같이 10군데로 나누었습니다. 그중 2군데에는 콩을 심고, 4군데에는 팥을 심고, 3군데에는 고추를 심었습니다. 콩, 팥, 고추를 심고 남은 밭은 전체의 얼마인지 소수로 나타내어 보시오.

( )

응용 6
cm와 mm의 길이를 cm로 나타내기

지혜가 가지고 있는 ⁽¹⁾머리핀의 길이는 다음 크레파스의 길이보다 5 mm 더 깁니다. / ⁽²⁾머리핀의 길이는 몇 cm인지 소수로 나타내어 보시오.

(1)
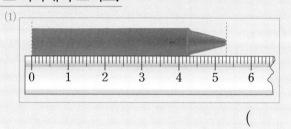

(   )

해결의 법칙

⑴ 머리핀의 길이를 몇 cm 몇 mm로 나타내어 봅니다.

⑵ ⑴에서 나타낸 것을 몇 cm로 나타내어 봅니다.

예제 6-1 경민이가 가지고 있는 연필의 길이는 다음 볼펜의 길이보다 2 cm 3 mm 더 짧습니다. 연필의 길이는 몇 cm인지 소수로 나타내어 보시오.

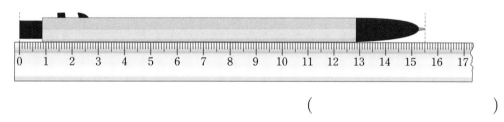

(   )

예제 6-2 한 변이 26 mm인 정사각형 모양 보석의 네 변의 길이의 합은 몇 cm인지 소수로 나타내어 보시오.

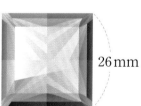

26 mm

(   )

6

분수와 소수

응용 7 소수의 크기를 비교하여 □ 안에 들어갈 수 있는 수 구하기

동영상 강의

$^{(1)}$1부터 9까지의 수 중에서 / $^{(2)}$□ 안에 들어갈 수 있는 수는 모두 몇 개입니까?

$$^{(1)}0.5 < 0.\boxed{}$$

( )

해결의 법칙
(1) 부등호가 성립할 때 □의 범위를 알아봅니다.
(2) 부등호가 성립할 때 □ 안에 들어갈 수 있는 수의 개수를 구해 봅니다.

예제 **7**−1   1부터 9까지의 수 중에서 □ 안에 들어갈 수 있는 수는 모두 몇 개입니까?

$$4.7 > 4.\boxed{}$$

( )

예제 **7**−2   1부터 9까지의 수 중에서 □ 안에 들어갈 수 있는 모든 수의 합을 구하시오.

$$2.3 < 2.\boxed{} < 3$$

( )

분수와 소수의 크기 비교하기

동영상 강의

똑같은 컵에 가득 따른 우유를 연우는 전체의 0.6만큼, 태현이는 전체의 0.8만큼, 예은이는 전체의 $^{(1)}\frac{7}{10}$만큼 마셨습니다. $^{(2)}$우유를 가장 많이 마신 사람은 누구입니까?

(   )

해결의 법칙

⑴ 예은이가 마신 우유의 양을 소수로 나타내어 봅니다.

⑵ 소수점 왼쪽의 수가 같은 소수의 크기를 비교해 봅니다.

예제 **8-1** 감자를 가장 적게 캔 사람은 누구입니까?

나는 감자를 0.9 kg 캤어.

내가 캔 감자는 $\frac{8}{10}$ kg이야.

나는 1.2 kg 캤어.

지은   현수   혜미

(   )

예제 **8-2** 가장 큰 수와 가장 작은 수를 각각 찾아 기호를 써 보시오.

㉠ 3.6	㉡ 4와 0.3만큼의 수
㉢ $\frac{1}{10}$이 58개인 수	㉣ 5와 0.6만큼의 수
㉤ 0.1이 34개인 수	㉥ 5.4

가장 큰 수 (   )

가장 작은 수 (   )

똑같이 나누기

1 여러 도형들을 똑같이 여섯으로 나누어 보시오.

쌍둥이

분수 알아보기

2 왼쪽은 전체를 똑같이 4로 나눈 것 중의 2입니다. 전체에

쌍둥이 알맞은 도형을 찾아 기호를 써 보시오.

가　　　나　　　다

(　　　　　　　　)

소수의 크기 비교하기

3 길이가 2.5 m인 줄자로 한 번에 길이를 잴 수 <u>없는</u> 것은

쌍둥이 어느 것입니까?

| 털실: 1.8 m | 색 테이프: 0.8 m |
| 철사: 2.9 m | 줄넘기 줄: 1.6 m |

(　　　　　　　　)

분수 알아보기　　　　　　　　　　　　　　　 창의·융합

4
◐쌍둥이

리투아니아 국기의 빨간색 부분이 나타내는 분수와 벨기에 국기의 빨간색 부분이 나타내는 분수의 크기를 비교해 보시오.

리투아니아

벨기에

(　　　　　　　　　　)

분수의 크기 비교하기　　　　　　　　　　 창의·융합

5
◐쌍둥이
▶동영상

고대 이집트에서는 분수를 다음과 같은 기호로 나타냈습니다. 두 분수의 크기를 비교하여 ○ 안에 >, < 중 알맞은 것을 써넣으시오.

$\frac{1}{3}$	$\frac{1}{4}$	$\frac{1}{5}$	$\frac{1}{6}$	$\frac{1}{7}$	$\frac{1}{8}$	$\frac{1}{9}$	$\frac{1}{10}$	$\frac{1}{2}$	$\frac{2}{3}$

소수 알아보기　　　　　　　　　　　　　　 서술형

6
◐쌍둥이

피자 한 판을 똑같이 10조각으로 나누어 윤지가 2조각, 민호가 4조각을 먹었습니다. 남은 피자는 전체의 얼마인지 소수로 나타내는 풀이 과정을 쓰고 답을 구하시오.

(　　　　　　　　　　)

풀이

분수 알아보기

7 다음과 같이 색종이를 반으로 3번 접었습니다. 이 색종이를 펼쳐서 접힌 선을 따라 모두 자른 후 5조각을 사용했습니다. 사용한 조각은 색종이 전체의 얼마인지 분수로 나타내어 보시오.

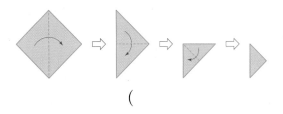

(   )

분수의 크기 비교하기

8 □ 안에 공통으로 들어갈 수 있는 수를 구하시오.
🔄쌍둥이
▶동영상

$$\frac{10}{16} < \frac{\square}{16} < \frac{15}{16}, \quad \frac{1}{18} < \frac{1}{\square} < \frac{1}{13}$$

(   )

단위분수의 크기 비교하기   서술형

9 같은 양의 생수를 수미는 전체의 $\frac{3}{4}$만큼, 은정이는 전체
🔄쌍둥이
의 $\frac{6}{7}$만큼, 현석이는 전체의 $\frac{4}{5}$만큼 마셨습니다. 남은 생수가 가장 많은 사람은 누구인지 풀이 과정을 쓰고 답을 구하시오.

(   )

풀이

🔸쌍둥이 표시된 문제의 쌍둥이 문제가 제공됩니다.
🔹동영상 표시된 문제의 동영상 특강을 볼 수 있어요.

✿ 정답은 **56**쪽

소수 알아보기

10 ㉠, ㉡, ㉢이 1부터 9까지의 수일 때, ㉠+㉡+㉢을 구하시오.
🔸쌍둥이
🔹동영상

> • 0.8 < 0.㉠ < 1
> • 0.1이 ㉡개이면 0.5입니다.
> • ㉢ mm = 0.8 cm

(   )

소수의 크기 비교하기

11 다음과 같이 소수를 넣으면 새로운 소수가 나오는 상자가 있습니다. 이 상자에 1.7, 2.9, 3.8, 4.6을 각각 넣었을 때 나온 새로운 소수 중 가장 큰 수를 구하시오.

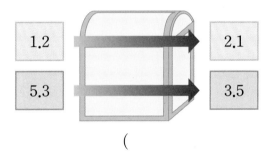

| 1.2 | → | 2.1 |
| 5.3 | → | 3.5 |

(   )

규칙에 알맞은 소수 알아보기

12 규칙에 따라 소수를 쓰고 있습니다. ㉠에 알맞은 소수를 구하시오.

0.5	0.9	1.3	1.7	2.1	2.5
2.9					
					㉠

(   )

6

분수와 소수

3 STEP 응용 유형 뛰어넘기

소수의 크기 비교하기

창의·융합

13 4장의 수 카드 [1], [3], [6], [9] 중에서 2장을 뽑아 한 번씩만 사용하여 소수 ■.▲를 만들려고 합니다. 재준이가 만들 수 있는 소수는 모두 몇 개입니까?

쌍둥이
동영상

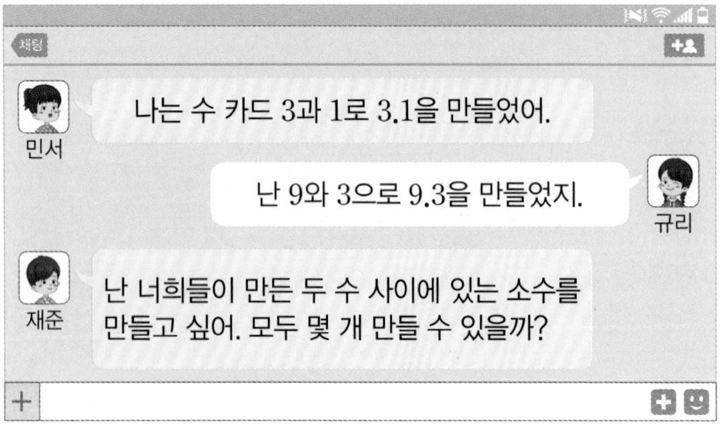

채팅
나는 수 카드 3과 1로 3.1을 만들었어.
민서
난 9와 3으로 9.3을 만들었지.
규리
난 너희들이 만든 두 수 사이에 있는 소수를 만들고 싶어. 모두 몇 개 만들 수 있을까?
재준

(　　　　　　　　　　)

분수 알아보기

14 전체 도화지의 $\frac{1}{8}$만큼을 모자이크 하는 데 5분이 걸렸습니다. 같은 빠르기로 나머지를 모자이크 하는 데 걸리는 시간은 몇 분입니까?

쌍둥이
동영상

(　　　　　　　　　　)

분수와 소수의 크기 비교하기

15 조건을 모두 만족하는 분수를 쓰시오.

- 0.2보다 크고 0.7보다 작습니다.
- 분모는 10입니다.
- 분자는 5보다 큽니다.

(　　　　　　　　　　)

🔖 쌍둥이 표시된 문제의 쌍둥이 문제가 제공됩니다.
▶ 동영상 표시된 문제의 동영상 특강을 볼 수 있어요.

소수 알아보기

16 한 변의 길이가 1 cm인 정사각형의 네 변을 각각 똑같이 10칸씩으로 나누었습니다. 선을 따라 ㉠에서 ㉡까지 가는 가장 짧은 길의 길이는 몇 cm인지 소수로 나타내어 보시오.

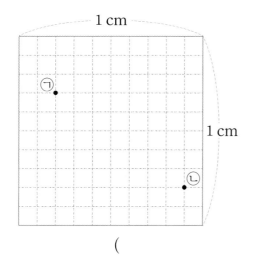

(   )

분수 알아보기

17 서희는 가지고 있는 색 테이프의 $\frac{3}{8}$만큼 사용하고 남은 부분의 $\frac{4}{5}$만큼 지후에게 주었습니다. 남은 색 테이프는 처음 색 테이프 전체의 얼마인지 분수로 나타내어 보시오.

(   )

cm와 mm의 단위를 cm로 나타내기 　　[서술형]

18 방학하기 전 지수의 키는 134 cm였고, 진호의 키는 135 cm였습니다. 방학 동안 지수는 1 cm 9 mm 컸고, 진호는 8 mm 컸습니다. 방학이 끝나고 키를 쟀을 때 키가 더 큰 사람은 누구이고 키를 소수로 나타내면 몇 cm인지 풀이 과정을 쓰고 답을 차례로 구하시오.

🔖 쌍둥이
▶ 동영상

(   ), (   )

[풀이]

6

분수와 소수

1 □ 안에 알맞은 수를 써넣으시오.

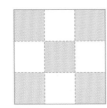

색칠한 부분은 전체를 똑같이 □ (으)로 나눈 것 중의 □ 입니다.

4 관계있는 것끼리 선으로 이어 보시오.

$\frac{3}{10}$ •   • 0.9 •   • 영 점 삼

$\frac{7}{10}$ •   • 0.3 •   • 영 점 칠

$\frac{9}{10}$ •   • 0.7 •   • 영 점 구

[2~3] 그림을 보고 물음에 답하시오.

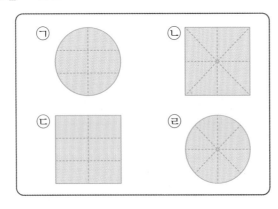

2 똑같이 나누어진 도형을 모두 찾아 기호를 써 보시오.

(   )

3 똑같이 여섯으로 나눈 도형을 찾아 기호를 써 보시오.

(   )

5 색칠한 부분을 분수로 나타내어 보시오.

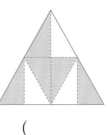

(   )

6 주어진 분수만큼 색칠해 보시오.

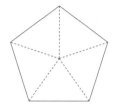

$$\dfrac{2}{5}$$

창의·융합

9 준희는 사과를 한 개 관찰하고, 똑같이 4조각으로 나누어 한 조각을 먹었습니다. 먹은 부분과 남은 부분을 분수로 나타내어 보시오.

모양: 둥글다.
맛: 달고 새콤한 맛
색깔: 빨간색

먹은 부분 (   )
남은 부분 (   )

7 더 큰 수를 들고 있는 사람은 누구입니까?

0.1이 47개인 수	7.4
지영	윤호

(   )

서술형

10 창우는 오른쪽 콜롬비아의 국기를 보고 노란색 부분이 전체의 $\dfrac{1}{3}$이라고 하였습니다. 창우의 설명이 <u>틀린</u> 이유를 써 보시오.

이유

8 색연필의 길이는 몇 cm인지 소수로 나타내어 보시오.

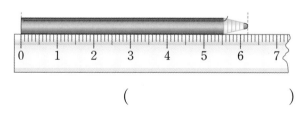

(   )

6

분수와 소수

11 수정이와 유진이의 멀리뛰기 기록입니다. 더 멀리 뛴 사람은 누구입니까?

이름	수정	유진
기록	1.3 m	0.9 m

(   )

12 큰 분수부터 차례대로 써 보시오.

$$\frac{7}{15} \quad \frac{4}{15} \quad \frac{14}{15} \quad \frac{8}{15}$$

(   )

13 된장찌개를 하는 데 두부를 똑같이 8조각으로 나누어 전체의 $\frac{1}{2}$만큼 사용했습니다. 사용한 두부는 몇 조각입니까?

(   )

14 승기가 사용하는 볼펜심의 굵기는 $\frac{6}{10}$ mm이고 샤프심의 굵기는 0.5 mm입니다. 볼펜심과 샤프심 중에서 어느 것이 더 굵은지 풀이 과정을 쓰고 답을 구하시오.

풀이 _____

_____

_____

_____

답 _____

15 어느 해 7월의 강수량을 나타낸 것입니다. 강수량이 가장 많은 도시와 가장 적은 도시의 강수량의 차는 몇 cm인지 소수로 나타내어 보시오.

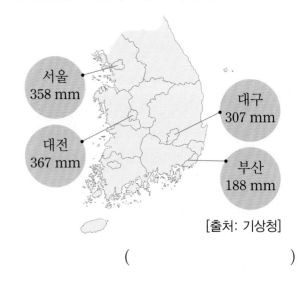

서울 358 mm
대전 367 mm
대구 307 mm
부산 188 mm

[출처: 기상청]

(   )

16 0.9보다 큰 소수는 모두 몇 개입니까?

| 0.7 | 1.4 | 2.3 | 0.8 | 3.5 |

(   )

17 파이 하나를 잘라서 민호는 전체의 $\frac{1}{9}$만큼 먹었고, 현주는 전체의 $\frac{3}{9}$만큼 먹었습니다. 남은 파이는 전체의 얼마인지 분수로 나타내어 보시오.

(   )

18 똑같은 컵에 가득 따른 우유를 세연이는 전체의 $\frac{6}{7}$만큼 마셨고, 지은이는 전체의 $\frac{4}{5}$만큼 마셨습습니다. 남은 우유가 더 많은 사람은 누구입니까?

(   )

서술형

19 1부터 9까지의 수 중에서 ☐ 안에 들어갈 수 있는 모든 수의 합은 얼마인지 풀이 과정을 쓰고 답을 구하시오.

$$0.3 < 0.\square < \frac{7}{10}$$

풀이 _____

_____

_____

_____

답 _____

20 4장의 수 카드 중에서 3장을 뽑아 한 번씩만 사용하여 소수 ■▲.●를 만들려고 합니다. 만들 수 있는 소수 중에서 두 번째로 큰 수를 구하시오.

| 2 | 4 | 5 | 8 |

(   )

6

분수와 소수

1 칠교놀이는 정사각형 모양을 7개의 조각으로 나누고 이 조각들을 이용하여 여러 가지 모양을 만들며 노는 놀이입니다. 오른쪽 노란색 조각은 전체의 얼마인지 분수로 나타내어 보시오.

(   )

서술형

2 윤미와 석호의 말이 모두 틀렸습니다. 그 이유를 써 보시오.

윤미: 나는 색 테이프의 $\frac{1}{3}$을 사용했으니까 너보다 많이 사용했어.

석호: 나도 $\frac{1}{3}$을 사용했으니까 똑같이 사용한 거야.

[이유] _____

_____

_____

立 身 揚 名

설 .... 몸 .... 오를 .... 이름 ....
입 신 양 명

'호랑이는 죽어서 가죽을 남기고,
사람은 죽어서 이름을 남긴다.'는 속담을 알고 있나요?
착하고 훌륭한 일을 하면 그 사람의 이름이 후세에까지 빛난다는 뜻인데,
'입신양명'도 같은 의미로 사용되는 말이랍니다.
열심히 공부하는 여러분! '입신양명'을 응원합니다.

해당 콘텐츠는 천재교육 '똑똑한 하루 독해'를 참고하여 제작되었습니다.
모든 공부의 기초가 되는 어휘력+독해력을 키우고 싶을 땐,
똑똑한 하루 독해&어휘를 풀어보세요!

모든 응용을
다 푸는
해결의 법칙

천재교육

꼼꼼 풀이집

응용 해결의 법칙

3-1

1. 덧셈과 뺄셈

1-1 (1) 598   (2) 577   **1-2** 773

1-3 •——•
       •——•   **1-4** 791

1-5 예 백의 자리로 받아올림하지 않고 백의 자리를
     계산했습니다.

$$
\begin{array}{r}
2\ 8\ 4 \\
+\ 3\ 5\ 4 \\
\hline
6\ 3\ 8
\end{array}
$$

1-6 947마리

2-1 (1) 842   (2) 1307   **2-2** 682

2-3 1343   **2-4** >

2-5 (위에서부터) 647, 564, 1211

2-6 278+145=423 ; 423번

3-1 (1) 325   (2) 424   **3-2** 306

3-3 401   **3-4** ㉢, ㉠, ㉡

3-5 145명   **3-6** 114명

4-1 (1) 177   (2) 464   **4-2** 338

4-3 477, 289   **4-4** 235 cm

4-5 546, 378

4-6 예 어떤 수를 □라 하면 □+195=452입니다.
     ⇨ 452−195=□, □=257 ; 257

1-1 (1) 같은 자리끼리 계산합니다.

$$
\begin{array}{r}
1\ 2\ 5 \\
+\ 4\ 7\ 3 \\
\hline
5\ 9\ 8
\end{array}
$$

(2) 일의 자리끼리의 합이 10이거나 10보다 크면 십
의 자리로 받아올림합니다.

$$
\begin{array}{r}
{\scriptstyle 1} \\
3\ 5\ 8 \\
+\ 2\ 1\ 9 \\
\hline
5\ 7\ 7
\end{array}
$$

주의 받아올림한 수는 바로 윗자리의 계산에 더해야 합
니다. 일의 자리에서 받아올림한 수를 백의 자리의 계산에
더하지 않도록 주의합니다.

1-2

$$
\begin{array}{r}
{\scriptstyle 1} \\
5\ 4\ 9 \\
+\ 2\ 2\ 4 \\
\hline
7\ 7\ 3
\end{array}
$$

1-3

$$
\begin{array}{r}
2\ 6\ 1 \\
+\ 1\ 3\ 4 \\
\hline
3\ 9\ 5
\end{array}
,\qquad
\begin{array}{r}
{\scriptstyle 1} \\
4\ 7\ 3 \\
+\ 1\ 4\ 2 \\
\hline
6\ 1\ 5
\end{array}
$$

1-4 532>436>385>259이므로 가장 큰 수는 532이
고 가장 작은 수는 259입니다.
     ⇨ 532+259=**791**

1-5 십의 자리끼리의 합이 10이거나 10보다 크면 백의
자리로 받아올림합니다.

$$
\begin{array}{r}
{\scriptstyle 1} \\
2\ 8\ 4 \\
+\ 3\ 5\ 4 \\
\hline
6\ 3\ 8
\end{array}
$$

서술형 가이드 백의 자리로 받아올림하지 않고 백의 자
리를 계산하여 틀렸다는 이유를 쓰고 바르게 계산을 해
야 합니다.

채점 기준		
잘못된 이유를 쓰고 바르게 계산을 함.	상
잘못된 이유를 썼으나 바르게 계산을 하지 못함.	중
잘못된 이유를 쓰지 못하고 바르게 계산을 하지도 못함.	하

1-6 생각 열기 나비와 풍뎅이는 모두 몇 마리인지 구하는
것이므로 덧셈으로 계산합니다.
(나비와 풍뎅이의 수의 합)
=683+264=**947(마리)**

2-1 생각 열기 각 자리끼리의 합이 10이거나 10보다 크면
바로 윗자리로 받아올림합니다.

(1)
$$
\begin{array}{r}
{\scriptstyle 1\ 1} \\
5\ 6\ 4 \\
+\ 2\ 7\ 8 \\
\hline
8\ 4\ 2
\end{array}
$$

(2)
$$
\begin{array}{r}
{\scriptstyle 1\ 1} \\
7\ 3\ 9 \\
+\ 5\ 6\ 8 \\
\hline
1\ 3\ 0\ 7
\end{array}
$$

2-2
$$
\begin{array}{r}
{\scriptstyle 1\ 1} \\
2\ 9\ 4 \\
+\ 3\ 8\ 8 \\
\hline
6\ 8\ 2
\end{array}
$$

2-3
$$
\begin{array}{r}
{\scriptstyle 1\ 1} \\
7\ 4\ 5 \\
+\ 5\ 9\ 8 \\
\hline
1\ 3\ 4\ 3
\end{array}
$$

2-4 $567+458=1025, 336+675=1011$
$\Rightarrow 1025 > 1011$

2-5 생각 열기 위의 두 수의 합을 아래의 빈 곳에 써넣습니다.
$468+179=$ **647**, $179+385=$ **564**,
$647+564=$ **1211**

2-6 생각 열기 (오늘 한 줄넘기 횟수)
$\quad\quad=$(어제 한 줄넘기 횟수)$+145$
서술형 가이드 식 $278+145=423$을 쓰고 답을 바르게 구했는지 확인합니다.

채점기준		
식 $278+145=423$을 쓰고 답을 바르게 구했음.	상
식 $278+145$만 썼음.	중
식을 쓰지 못함.	하

3-1 (1) 같은 자리끼리 계산합니다.
$$\begin{array}{r} 539 \\ -214 \\ \hline 325 \end{array}$$
(2) 일의 자리끼리 뺄 수 없을 때에는 십의 자리에서 받아내림합니다.
$$\begin{array}{r} \overset{4\;\;10}{8\;\not5\;0} \\ -426 \\ \hline 424 \end{array}$$

3-2
$$\begin{array}{r} \overset{8\;\;10}{8\;\not9\;3} \\ -587 \\ \hline 306 \end{array}$$

3-3 100이 5개, 10이 6개, 1이 9개인 수는 569입니다.
$\Rightarrow 569-168=$ **401**

3-4 ㉠ 324 ㉡ 307 ㉢ 337
$\Rightarrow 337>324>307$이므로 ㉢>㉠>㉡입니다.

3-5 생각 열기 윤지네 학교 학생보다 180명 적게 참가했으므로 뺄셈으로 계산합니다.
(승준이네 학교 농촌 체험 참가 학생 수)
$=325-180=$ **145(명)**

3-6 생각 열기 태웅이네 학교보다 몇 명 더 많은지 구하는 것이므로 뺄셈으로 계산합니다.
(윤지네 학교와 태웅이네 학교 참가 학생 수의 차)
$=325-211=$ **114(명)**

4-1 생각 열기 각 자리끼리 뺄 수 없을 때에는 바로 윗자리에서 받아내림하여 계산합니다.
(1)
$$\begin{array}{r} \overset{2\;\;9\;\;10}{\not3\;\not0\;4} \\ -127 \\ \hline 177 \end{array}$$
(2)
$$\begin{array}{r} \overset{6\;14\;10}{\not7\;\not5\;3} \\ -289 \\ \hline 464 \end{array}$$

4-2 생각 열기 두 수의 차를 구하는 것이므로 큰 수에서 작은 수를 뺍니다.
$$\begin{array}{r} \overset{6\;11\;10}{\not7\;\not2\;4} \\ -386 \\ \hline 338 \end{array}$$

4-3
$$\begin{array}{r} \overset{8\;10\;10}{\not9\;\not1\;3} \\ -436 \\ \hline 477 \end{array},\quad \begin{array}{r} \overset{3\;16\;10}{\not4\;\not7\;7} \\ -188 \\ \hline 289 \end{array}$$

4-4 생각 열기 끈을 잘라서 사용하고 남은 끈의 길이를 구하는 것이므로 뺄셈으로 계산합니다.
$4\,m=400\,cm$
(남은 노끈의 길이)$=400-165=$ **235 (cm)**

4-5 생각 열기 일의 자리끼리의 차가 8이 되는 두 수를 먼저 찾아봅니다.
일의 자리끼리의 차가 8이 되는 두 수를 찾으면 **546, 378**입니다.
$$\Rightarrow \begin{array}{r} \overset{4\;13\;10}{\not5\;\not4\;6} \\ -378 \\ \hline 168 \end{array}$$

4-6 서술형 가이드 어떤 수를 □라 하고 식을 세운 후 어떤 수를 구하는 풀이 과정이 들어 있어야 합니다.

채점기준		
어떤 수를 □라 하고 식을 세운 후 답을 바르게 구함.	상
어떤 수를 □라 하고 식을 세웠으나 계산 과정에서 실수하여 답이 틀림.	중
어떤 수를 □라 하고 식을 세우지 못하여 답을 구하지 못함.	하

STEP 2 응용 유형 익히기　　12~19쪽

응용 1 762

예제 1-1 587　　**예제 1-2** 1487

응용 2 396

예제 2-1 36　　**예제 2-2** 33

응용 3 2, 0, 1

예제 3-1

$$
\begin{array}{r}
\boxed{9}\ 2\ 9 \\
-\ 3\ \boxed{8}\ 2 \\
\hline
5\ 4\ \boxed{7}
\end{array}
$$

예제 3-2

$$
\begin{array}{r}
\boxed{4}\ 7\ 3 \\
-\ 1\ \boxed{2}\ 7 \\
\hline
3\ 4\ \boxed{6}
\end{array}
$$

응용 4 766

예제 4-1 718　　**예제 4-2** 1433, 515

응용 5 1445

예제 5-1 544

예제 5-2 579, 348, 159, 768
또는 348, 579, 159, 768

응용 6 0, 1, 2, 3

예제 6-1 7, 8, 9　　**예제 6-2** 218

응용 7 277

예제 7-1 1020　　**예제 7-2** 1448

응용 8 988 m

예제 8-1 1103명　　**예제 8-2** 807명

응용 1
(1) ㉠ 100이 3개, 10이 16개, 1이 5개인 수
: 300+160+5=465
㉡ 100이 2개, 10이 8개, 1이 17개인 수
: 200+80+17=297
(2) ㉠+㉡=465+297=**762**

예제 1-1 ㉠ 100이 7개, 10이 2개, 1이 6개인 수
: 700+20+6=726
㉡ 100이 1개, 10이 1개, 1이 29개인 수
: 100+10+29=139
⇨ ㉠-㉡=726-139=**587**

예제 1-2 • 100이 7개, 10이 4개, 1이 23개인 수
: 700+40+23=763
• 100이 6개, 10이 20개, 1이 9개인 수
: 600+200+9=809
• 100이 5개, 10이 17개, 1이 8개인 수
: 500+170+8=678
가장 큰 수는 809, 가장 작은 수는 678입니다.
⇨ 809+678=**1487**

응용 2 생각 열기 덧셈과 뺄셈의 관계를 이용하여 ●에 알맞은 수를 구한 다음 ■에 알맞은 수를 구합니다.
(1) ●+159=300, 300-159=●, ●=141
(2) 255+●=■, 255+141=■, ■=**396**

참고

• ▲+◆=★ ⟨ ★-◆=▲
　　　　　　 ★-▲=◆

• ★-◆=▲ ⟨ ◆+▲=★
　　　　　　 ▲+◆=★

예제 2-1 생각 열기 덧셈과 뺄셈의 관계를 이용하여 모양이 나타내는 수를 구합니다.
• 327+●=561, 561-327=●, ●=234
• ●-198=■, 234-198=■, ■=**36**

예제 2-2 해법 순서
① ●에 알맞은 수를 구합니다.
② ■에 알맞은 수를 구합니다.
③ ★에 알맞은 수를 구합니다.
• 758-●=125, 758-125=●, ●=633
• ■+224=●, ■+224=633,
633-224=■, ■=409
• 376+★=■, 376+★=409,
409-376=★, ★=**33**

응용 3

$$
\begin{array}{r}
4\ 8\ \boxed{㉠} \\
+\ \boxed{㉡}\ 2\ 5 \\
\hline
6\ \boxed{㉢}\ 7
\end{array}
$$

(1) ㉠+5=7, 7-5=㉠, ㉠=**2**
(2) 8+2=10, ㉢=**0**
(3) 십의 자리에서 받아올림이 있으므로
1+4+㉡=6, 5+㉡=6, 6-5=㉡,
㉡=**1**

예제 3-1 생각 열기 받아내림에 주의하여 일의 자리부터 □ 안에 알맞은 수를 구해 봅니다.

$$
\begin{array}{r}
\boxed{㉢}\ 2\ 9 \\
-\ 3\ \boxed{㉡}\ 2 \\
\hline
5\ 4\ \boxed{㉠}
\end{array}
$$

• 9-2=㉠, ㉠=**7**
• 10+2-㉡=4, 12-㉡=4, 12-4=㉡, ㉡=**8**
• 십의 자리로 받아내림이 있으므로
㉢-1-3=5, ㉢=5+3+1, ㉢=**9**

예제 3-2

$$
\begin{array}{r}
 ⓒ\ 7\ 3 \\
- 1\ ⓛ\ 7 \\
\hline
3\ 4\ ⓐ
\end{array}
$$

- 일의 자리끼리 뺄 수 없으므로 십의 자리에서 10을 받아내림합니다.
  $10+3-7=ⓐ$, $13-7=ⓐ$, $ⓐ=6$
- 일의 자리로 받아내림이 있으므로
  $7-1-ⓛ=4$, $6-ⓛ=4$, $6-4=ⓛ$, $ⓛ=2$
- $ⓒ-1=3$, $ⓒ=3+1$, $ⓒ=4$

응용 4

생각 열기 가장 큰 수는 큰 수부터 차례로 쓰고 가장 작은 수는 작은 수부터 차례로 씁니다.

(1) $6>4>2>1$
- 가장 큰 세 자리 수: 642
- 가장 작은 세 자리 수: 124

(2) $642+124=\mathbf{766}$

예제 4-1 $8>5>3>1$이므로 만들 수 있는 가장 큰 세 자리 수는 853이고, 가장 작은 세 자리 수는 135입니다.

$\Rightarrow 853-135=\mathbf{718}$

예제 4-2

해법 순서

① 만들 수 있는 둘째로 큰 세 자리 수를 구합니다.
② 만들 수 있는 둘째로 작은 세 자리 수를 구합니다.
③ 위 ①, ②에서 구한 두 수의 합과 차를 각각 구합니다.

$9>7>5>4$
- 만들 수 있는 가장 큰 세 자리 수: 975
  둘째로 큰 세 자리 수: 974
- 만들 수 있는 가장 작은 세 자리 수: 457
  둘째로 작은 세 자리 수: 459

$\Rightarrow$ 합: $974+459=\mathbf{1433}$
차: $974-459=\mathbf{515}$

응용 5

(1) 합이 가장 크려면 가장 큰 수와 둘째로 큰 수를 더해야 합니다.

(2) $793>652>574>458$이므로
$793+652=\mathbf{1445}$입니다.

예제 5-1 **생각 열기** 차가 가장 크려면 가장 큰 수에서 가장 작은 수를 빼야 합니다.

$912>805>535>368$이므로
$912-368=\mathbf{544}$입니다.

예제 5-2 **생각 열기** 덧셈식에서 계산 결과가 가장 크게 나오려면 더하는 두 수가 가장 큰 수와 둘째로 큰 수이어야 합니다.

뺄셈식에서 계산 결과가 가장 크게 나오려면 빼지는 수는 가장 크고 빼는 수는 가장 작아야 합니다.

$ⓐ+ⓛ-ⓒ=\square$

계산 결과가 가장 크려면 더하는 ⓐ, ⓛ에는 가장 큰 수와 둘째로 큰 수가 들어가야 하고, ⓒ에는 가장 작은 수가 들어가야 합니다.

$579>348>159$

$\Rightarrow 579+348-159=927-159$
$=\mathbf{768}$

응용 6

(1) $35\square+261=615$, $615-261=354$이므로 $\square=\mathbf{4}$입니다.

(2) $35\square+261<615$이어야 하므로 $\square$ 안에는 4보다 작은 수인 **0, 1, 2, 3**이 들어갈 수 있습니다.

예제 6-1 $276+5\square5=841$일 때 $841-276=565$이므로 $\square=6$입니다.

$276+5\square5>841$이므로 $\square$ 안에는 6보다 큰 수인 **7, 8, 9**가 들어갈 수 있습니다.

다른 풀이

$\square$ 안에 9부터 수를 차례로 넣어 보고 식을 만족하는지 알아봅니다.

$\square=9 \Rightarrow 276+595=871, 871>841$ (○)
$\square=8 \Rightarrow 276+585=861, 861>841$ (○)
$\square=7 \Rightarrow 276+575=851, 851>841$ (○)
$\square=6 \Rightarrow 276+565=841, 841=841$ (×)

예제 6-2

해법 순서

① $703-\square=486$일 때의 $\square$를 구합니다.
② $\square$ 안에 들어갈 수 있는 세 자리 수 중에서 가장 작은 수를 구합니다.

$703-\square=486$일 때 $703-486=\square$, $\square=217$입니다.

$703-\square<486$이어야 하므로 $\square$ 안에는 217보다 큰 수가 들어가야 합니다.

$\Rightarrow \square$ 안에 들어갈 수 있는 세 자리 수 중에서 가장 작은 수는 **218**입니다.

응용 7

(1) 어떤 수를 $\square$라 하면 $\square+274=825$에서 $825-274=\square$, $\square=551$입니다.

(2) 바른 계산: $\square-274=551-274=\mathbf{277}$

예제 7-1 해법 순서
① 어떤 수를 □라 하고 잘못 계산한 식을 세웁니다.
② ①에서 세운 식을 보고 어떤 수를 구합니다.
③ 바르게 계산한 값을 구합니다.
어떤 수를 □라 하면 □−382=256에서
256+382=□, □=638입니다.
⇨ 바른 계산: □+382=638+382=**1020**

예제 7-2 해법 순서
① 잘못 계산한 식을 세워서 ㉮를 구합니다.
② 바르게 계산한 값을 구합니다.
③ 바르게 계산한 값과 잘못 계산한 값의 합을 구합니다.
잘못한 계산에서 ㉮+156=880,
880−156=㉮, ㉮=724입니다.
바른 계산: ㉮−156=724−156=568
⇨ 바르게 계산한 값 568과 잘못 계산한 값 880의 합은 568+880=**1448**입니다.

응용 8
(1) (오늘 아침에 달린 거리)
   =396+196=592 (m)
(2) (어제 아침과 오늘 아침에 달린 거리의 합)
   =396+592=**988 (m)**

예제 8-1 해법 순서
① 오후에 뮤지컬을 관람한 어린이 수를 구합니다.
② 오늘 뮤지컬을 관람한 어린이 수를 구합니다.
(오후에 뮤지컬을 관람한 어린이 수)
=457+189=646(명)
⇨ (오늘 뮤지컬을 관람한 어린이 수)
=457+646=**1103(명)**

예제 8-1 생각 열기 전체 학생 수에서 남학생 수를 빼면 여학생 수가 됩니다.
해법 순서
① 민수네 학교와 소윤이네 학교의 여학생 수를 각각 구합니다.
② 두 학교의 여학생 수의 합을 구합니다.
(민수네 학교의 여학생 수)
=823−365=458(명)
(소윤이네 학교의 여학생 수)
=802−453=349(명)
⇨ (두 학교의 여학생 수의 합)
=458+349=**807(명)**

---

3 STEP 응용 유형 뛰어넘기 20~25쪽

1 797
2 228, 847
3 71 cm
4 482명
5 173, 267, 440 또는 267, 173, 440
6 228
7 436명
8 예 (전체 학생 수)=324+287=611(명)
   (안경을 쓰지 않은 학생 수)
   =(전체 학생 수)−(안경을 쓴 학생 수)
   =611−168=443(명) ; 443명
9 은솔이네 과수원
10 예 거꾸로 계산하여 그저께 박물관을 방문한 사람 수를 구합니다.
   (어제 박물관을 방문한 사람 수)
   =934−165=769(명)
   (그저께 박물관을 방문한 사람 수)
   =769+253=1022(명) ; 1022명
11 464
12 597
13 1012
14 예 368 cm+454 cm를 계산하면 ㉠ cm가 겹치므로 368 cm+454 cm에서 ㉠ cm를 빼야 633 cm가 됩니다.
   ⇨ 368+454−㉠=633, 822−㉠=633,
   822−633=㉠, ㉠=189 ; 189
15 7
16 +, −
17 309
18 423, 197

1 사각형 안에 있는 수: 456, 341
⇨ 456+341=**797**

2
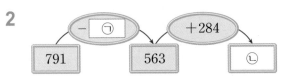
• 791−㉠=563, 791−563=㉠, ㉠=**228**
• 563+284=㉡, ㉡=**847**

3 생각 열기 농구대 림에 닿으려면 바닥에서 림까지의 높이에서 선수의 발끝에서 손끝까지의 길이를 뺀 길이만큼 점프해야 합니다.
농구대 림의 높이가 305 cm이고, 선수의 발끝에서 손끝까지의 길이가 2 m 34 cm=234 cm이므로 선수는 적어도 305−234=**71 (cm)**를 점프해야 림에 닿을 수 있습니다.

4 해법 순서
① 제빵사를 체험한 학생 수를 알아봅니다.
② 소방관을 체험한 학생 수를 알아봅니다.
③ 제빵사와 소방관을 체험한 학생 수의 합을 구합니다.
제빵사를 체험한 학생은 315명입니다.
(소방관을 체험한 학생 수)=315-148=167(명)
(제빵사와 소방관을 체험한 학생 수)
=315+617=**482(명)**

5 생각 열기 더하는 두 수가 작을수록 합이 작으므로 합이 가장 작은 덧셈식을 만들려면 가장 작은 수와 둘째로 작은 수를 더해야 합니다.
173<267<382<429
⇨ **173+267=440**

6 찢어진 종이에 적힌 세 자리 수를 □라 하면
526+□=824, 824-526=□, □=298입니다.
⇨ 526-298=**228**

7 (더 들어오고 난 후 사람 수)=548+266=814(명)
(지금 있는 사람 수)=814-378=**436(명)**

8 해법 순서
① 범수네 학교 전체 학생 수를 구합니다.
② 안경을 쓰지 않은 학생 수를 구합니다.
서술형 가이드 전체 학생 수를 알아보고 안경을 쓰지 않은 학생 수를 구하는 풀이 과정이 들어 있어야 합니다.

채점기준		
전체 학생 수를 알아보고 안경을 쓰지 않은 학생 수를 바르게 구함.	상
전체 학생 수를 구했으나 안경을 쓰지 않은 학생 수를 구하는 과정에서 실수하여 답이 틀림.	중
전체 학생 수를 몰라 답도 구하지 못함.	하

9 (은솔이네 과수원에서 딴 사과의 수)
=654+398=1052(개)
(우준이네 과수원에서 딴 배의 수)
=595+437=1032(개)
⇨ 1052>1032이므로 **은솔이네 과수원**에서 딴 과일 수가 더 많습니다.

10 생각 열기 처음의 수를 구할 때에는 덧셈과 뺄셈의 관계를 이용하여 거꾸로 계산하여 구할 수 있습니다.
서술형 가이드 거꾸로 생각하여 계산하는 풀이 과정이 들어 있어야 합니다.

채점기준		
거꾸로 계산하여 답을 바르게 구함.	상
계산하는 방법은 알고 있으나 실수하여 답이 틀림.	중
거꾸로 계산하는 방법을 몰라 문제를 해결하지 못함.	하

11 485+□<667+283, 485+□<950에서
485+□=950일 때 950-485=□, □=465입니다. 485+□<950이어야 하므로 □ 안에는 465보다 작은 수가 들어가야 합니다.
⇨ □ 안에 들어갈 수 있는 세 자리 수 중에서 가장 큰 수는 **464**입니다.

12 십의 자리 숫자가 0인 가장 큰 수는 805이고 일의 자리 숫자가 8인 가장 작은 수는 208입니다.
⇨ 805-208=**597**

13 • 186+483+291=669+291=960
• 154+211+㉠=960, 365+㉠=960,
960-365=㉠, ㉠=595
• 235+308+㉡=960, 543+㉡=960,
960-543=㉡, ㉡=417
⇨ ㉠+㉡=595+417=**1012**

14 생각 열기 전체 길이는 두 길이의 합에서 겹친 부분의 길이를 빼야 합니다.
서술형 가이드 겹친 부분의 길이를 빼는 풀이 과정이 들어 있어야 합니다.

채점기준		
368 cm와 454 cm의 합에서 겹친 부분을 빼면 전체 길이가 나오는 식을 세우고 바르게 계산함.	상
식을 바르게 세웠으나 계산 과정에서 실수하여 답이 틀림.	중
식을 세우지 못하여 답이 틀림.	하

15 백의 자리 계산에서 ♥-◆=◆이므로 ♥>◆>0입니다.
일의 자리 계산에서 ♥-◆=3이 되는 경우는
4-1, 5-2, 6-3, 7-4, 8-5, 9-6이고 백의 자리에서 십의 자리로 받아내림이 있으므로
♥-1-◆=◆인 경우는 5-1-2=2입니다.
⇨ ♥=5, ◆=2이므로 ♥+◆=5+2=**7**입니다.

16 생각 열기 +를 하면 수가 커지고 -를 하면 수가 작아집니다.
○ 안에 +, -를 모두 넣어 봅니다.
• 299+199+399=897 (✕)
• 299-199-399는 마지막 빼는 수가 앞의 수보다 크므로 뺄 수 없습니다.
• 299-199+399=499 (✕)
• 299+199-399=99 (○)

17 $378 ▲ 264 = 378 + 264 + 264 = 642 + 264 = 906$

⇨ $378 ▲ 264 - 597 = 906 - 597 = \mathbf{309}$

18

$$\begin{array}{r} ⃞ \; 2 \; ⃝ \\ + \; ⃡ \; ⃢ \; 7 \\ \hline 6 \; 2 \; 0 \end{array} \qquad \begin{array}{r} ⃞ \; 2 \; ⃝ \\ - \; ⃡ \; ⃢ \; 7 \\ \hline 2 \; 2 \; 6 \end{array}$$

- 덧셈식의 일의 자리 계산: $⃝ + 7 = 10$, $⃝ = 3$
  십의 자리 계산: $1 + 2 + ⃢ = 12$, $3 + ⃢ = 12$,
  $⃢ = 9$
  백의 자리 계산: $1 + ⃞ + ⃡ = 6$, $⃞ + ⃡ = 5$
- 뺄셈식의 백의 자리 계산: 십의 자리로 받아내림이
  있으므로 $⃞ - 1 - ⃡ = 2$, $⃞ - ⃡ = 3$입니다.
- 덧셈식과 뺄셈식의 백의 자리 계산에서
  $⃞ + ⃡ = 5$, $⃞ - ⃡ = 3$을 만족하는 두 수는
  $⃞ = 4$, $⃡ = 1$입니다.

⇨ 두 수는 **423**, **197**입니다.

실력 평가

26~29쪽

1 (1) 662 (2) 740   **2** (1) 604 (2) 388

3 113   **4** 739

5 578   **6** 1030

7 예 백의 자리에서 십의 자리로 받아내림한 수를 빼
지 않았습니다.

;
$$\begin{array}{r} 5 \; 4 \; 7 \\ - \; 2 \; 8 \; 4 \\ \hline 2 \; 6 \; 3 \end{array}$$

8 1120원   **9** <

10 693   **11** 580 m

12 576, 313

13 예 100이 3개이면 300, 10이 7개이면 70, 1이 5
개이면 5이므로 $300 + 70 + 5 = 375$입니다.
375보다 268만큼 더 큰 수는
$375 + 268 = 643$입니다. ; 643

14 ㉯ 길, 16 m   **15** 1413

16
$$\begin{array}{r} \boxed{7} \; 3 \; 5 \\ - \; \; 4 \; 4 \; \boxed{6} \\ \hline 2 \; \boxed{8} \; 9 \end{array}$$

17 625, 541, 84

---

18 336   **19** 186 cm

20 예 어떤 수를 □라 하면 □$+686 = 854$,
$854 - 686 = ⃞$, $⃞ = 168$입니다.
따라서 바르게 계산한 값은
$168 + 898 = 1066$입니다. ; 1066

1 (1)
$$\begin{array}{r} \overset{1}{} \\ 4 \; 2 \; 5 \\ + \; 2 \; 3 \; 7 \\ \hline \mathbf{6 \; 6 \; 2} \end{array}$$
(2)
$$\begin{array}{r} \overset{1}{}\overset{1}{} \\ 3 \; 4 \; 8 \\ + \; 3 \; 9 \; 2 \\ \hline \mathbf{7 \; 4 \; 0} \end{array}$$

2 (1)
$$\begin{array}{r} \overset{4}{}\overset{10}{} \\ 7 \; \cancel{5} \; 0 \\ - \; 1 \; 4 \; 6 \\ \hline \mathbf{6 \; 0 \; 4} \end{array}$$
(2)
$$\begin{array}{r} \overset{7}{}\overset{16}{}\overset{10}{} \\ 8 \; \cancel{7} \; \cancel{3} \\ - \; 4 \; 8 \; 5 \\ \hline \mathbf{3 \; 8 \; 8} \end{array}$$

3 수 모형이 나타내는 수는 354입니다.
⇨ $354 - 241 = \mathbf{113}$

4
$$\begin{array}{r} 3 \; 1 \; 6 \\ + \; 4 \; 2 \; 3 \\ \hline \mathbf{7 \; 3 \; 9} \end{array}$$

5
$$\begin{array}{r} \overset{8}{}\overset{12}{}\overset{10}{} \\ \cancel{9} \; \cancel{3} \; 4 \\ - \; 3 \; 5 \; 6 \\ \hline \mathbf{5 \; 7 \; 8} \end{array}$$

6 $836 > 527 > 341 > 194$이므로 가장 큰 수는 836이고
가장 작은 수는 194입니다.
⇨ $836 + 194 = \mathbf{1030}$

7
$$\begin{array}{r} \overset{4}{}\overset{10}{} \\ \cancel{5} \; 4 \; 7 \\ - \; 2 \; 8 \; 4 \\ \hline 2 \; 6 \; 3 \end{array}$$

서술형 가이드 백의 자리에서 십의 자리로 받아내림한 수
를 빼지 않아서 틀렸다는 이유를 쓰고 바르게 계산을 해
야 합니다.

채점기준		
잘못된 이유를 쓰고 바르게 계산을 함.	상
잘못된 이유를 썼으나 바르게 계산을 하지 못함.	중
잘못된 이유를 쓰지 못하고 바르게 계산을 하지도 못함.	하

8 (물건값)$= 850 + 270 = \mathbf{1120}$(원)

9 **해법 순서**
① 왼쪽과 오른쪽 두 덧셈식의 값을 각각 구합니다.
② 구한 두 식의 계산 결과의 크기를 비교합니다.
$653 + 376 = 1029$, $497 + 543 = 1040$
⇨ $1029 < 1040$

10 205＋263＋225＝468＋225
　　　　　　　　　＝**693**

참고
세 수의 합은 순서를 바꿔서 더해도 결과가 같습니다.
　　　205＋263＋225＝693
　　　　　　488
　　　　　693

11 생각 열기 부르즈 할리파의 높이에서 63빌딩의 높이를 뺍니다.
(부르즈 할리파와 63빌딩 높이의 차)
＝830－250＝**580 (m)**

12 ・391＋185＝**576**
・576－263＝**313**

13 생각 열기 '～보다 ～ 만큼 더 큰 수'이므로 덧셈으로 계산합니다.
서술형 가이드 나타내는 수를 구한 다음 나타내는 수와 268의 합을 구하는 풀이 과정이 들어 있어야 합니다.

채점 기준	나타내는 수를 구하고 나타내는 수보다 268만큼 더 큰 수를 바르게 구함.	상
	나타내는 수를 구하였으나 계산 과정에서 실수하여 답이 틀림.	중
	나타내는 수를 몰라 답을 구하지 못함.	하

14 해법 순서
① ㉮ 길로 도서관까지 가는 거리를 구합니다.
② ㉯ 길로 도서관까지 가는 거리를 구합니다.
③ 두 길 중에서 어느 길로 가는 것이 얼마나 더 가까운지 구합니다.
・㉮ 길: 374＋456＝830 (m)
・㉯ 길: 298＋516＝814 (m)
⇨ 830＞814이므로 **㉯ 길**로 가는 것이
830－814＝**16 (m)** 더 가깝습니다.

15 생각 열기 가장 큰 수를 만들려면 수 카드를 가장 큰 것부터 차례로 놓고, 가장 작은 수를 만들려면 수 카드를 가장 작은 것부터 차례로 놓습니다.
・가장 큰 세 자리 수: 954
・가장 작은 세 자리 수: 459
　⇨　 1 1
　　　 9 5 4
　　　＋4 5 9
　　　1 4 1 3

16
　　㉢ 3 5
　－ 4 4 ㉠
　　2 ㉡ 9
・일의 자리 계산: 10＋5－㉠＝9, ㉠＝**6**
・십의 자리 계산: 3－1＋10－4＝㉡, ㉡＝**8**
・백의 자리 계산: ㉢－1－4＝2, ㉢＝**7**

17 생각 열기 큰 수부터 차례로 나열한 다음 바로 다음 수와의 차가 가장 작은 두 수를 찾아봅니다.
806＞625＞541＞389
806－625＝181, 625－541＝84,
541－389＝152
⇨ 84＜152＜181이므로 차가 가장 작은 뺄셈식을 만들면 **625－541＝84**입니다.

18 해법 순서
① 750－284의 값을 구합니다.
② 750－284＝803－□일 때의 □의 값을 구합니다.
③ □ 안에 들어갈 수 있는 가장 큰 세 자리 수를 구합니다.
750－284＜803－□, 466＜803－□에서
466＝803－□일 때 803－466＝□, □＝337입니다. 466＜803－□이어야 하므로 □ 안에는 337보다 작은 수가 들어가야 합니다.
⇨ □ 안에 들어갈 수 있는 세 자리 수 중에서 가장 큰 수는 **336**입니다.

19 5 m＝500 cm
(사용한 색 테이프의 길이)
＝157＋157＝314 (cm)
(남은 색 테이프의 길이)
＝500－314＝**186 (cm)**
다른 풀이
(남은 색 테이프의 길이)
＝500－157－157＝343－157＝186 (cm)

20 서술형 가이드 어떤 수를 구한 다음 바르게 계산한 값을 구하는 풀이 과정이 들어 있어야 합니다.

채점 기준	어떤 수를 구한 다음 바르게 계산한 값을 구함.	상
	어떤 수를 구했으나 계산 과정에서 실수하여 답이 틀림.	중
	어떤 수를 몰라 답을 구하지 못함.	하

창의 사고력
30쪽

❶ (예)

$$\begin{array}{r} 2\ 1\ 5 \\ +\ 3\ 3\ 5 \\ \hline 5\ 5\ 0 \end{array}, \quad \begin{array}{r} 2\ 2\ 5 \\ +\ 3\ 2\ 5 \\ \hline 5\ 5\ 0 \end{array}$$

❷ 청팀

❶

$$\begin{array}{r} ㉠\ ㉡\ 5 \\ +\ ㉢\ ㉣\ 5 \\ \hline 5\ 5\ 0 \end{array}$$

- 일의 자리 계산 결과가 0이므로 1, 2, 3, 5 중 일의 자리에 들어갈 수 있는 수는 5입니다.
- 일의 자리에서 받아올림이 있으므로
  1+㉡+㉣=5, ㉡+㉣=4이어야 합니다.
  1, 2, 3, 5 중 두 수의 합이 4인 경우는 1+3=4, 2+2=4입니다.
- 백의 자리 계산에서 ㉠+㉢=5이고 1, 2, 3, 5 중 두 수의 합이 5인 경우는 2+3=5입니다.

(예)
$$\begin{array}{r} 2\ 1\ 5 \\ +\ 3\ 3\ 5 \\ \hline 5\ 5\ 0 \end{array}, \begin{array}{r} 2\ 2\ 5 \\ +\ 3\ 2\ 5 \\ \hline 5\ 5\ 0 \end{array}, \begin{array}{r} 3\ 1\ 5 \\ +\ 2\ 3\ 5 \\ \hline 5\ 5\ 0 \end{array}, \begin{array}{r} 3\ 2\ 5 \\ +\ 2\ 2\ 5 \\ \hline 5\ 5\ 0 \end{array}$$

❷ 그림을 그려서 알아봅니다.

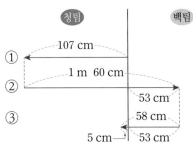

② 1 m 60 cm=160 cm, 160−107=53 (cm)
③ 58−53=5 (cm)
➡ 줄다리기의 중심이 가운데 선에서 청팀 쪽으로 5 cm만큼 이동했으므로 **청팀**이 이겼습니다.

2. 평면도형

STEP 1 기본 유형 익히기
34~37쪽

1-1 ( ) (○)   **1-2** ④
( ) ( )   **1-3** 6개

1-4

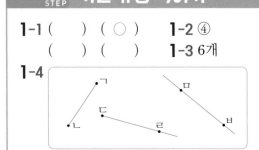

1-5 ㉡

2-1 각 ㄴㄷㄹ 또는 각 ㄹㄷㄴ ; 변 ㄷㄴ, 변 ㄷㄹ

2-2 (1)

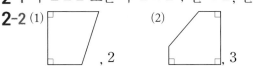

, 2   (2) , 3

2-3 (예) 각이 되려면 두 반직선이 한 점에서 만나야 하는데 주어진 두 선은 만나지 않았기 때문입니다.

2-4 ㉣   **2-5** 12개

3-1 가, 다   **3-2** ③

3-3 (예)

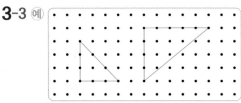

3-4 (예) 한 각이 직각인 삼각형입니다.

4-1 가, 나, 라   **4-2** 가, 라

4-3 (위에서부터) 9, 16

4-4

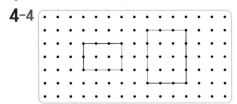

4-5 (예) 네 변의 길이는 모두 같지만 네 각이 모두 직각이 아닙니다.

4-6 ㉠, ㉡, ㉣   **4-7** ㉠, ㉡

4-8 60 cm

1-1

직선 ㄱㄴ 또는 직선 ㄴㄱ   반직선 ㄴㄱ   굽은 선   반직선 ㄱㄴ

1-2 생각 열기 직선은 선분을 양쪽으로 끝없이 늘인 곧은 선입니다.
① 굽은 선
② 선분 ㄷㄹ 또는 선분 ㄹㄷ
③ 두 점을 지나는 선이 곧지 않고 꺾여 있으므로 직선이 아닙니다.
④ 직선 ㄷㄹ 또는 직선 ㄹㄷ
⑤ 반직선 ㄹㄷ

1-3
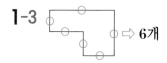 ⇨ **6개**

1-4 • 선분 ㄱㄴ은 점 ㄱ과 점 ㄴ을 잇는 곧은 선을 긋습니다.
• 반직선 ㄷㄹ은 점 ㄷ에서 시작하여 점 ㄹ을 지나 길게 늘인 곧은 선을 긋습니다.
• 직선 ㅁㅂ은 점 ㅁ과 점 ㅂ을 지나 양쪽으로 길게 늘인 곧은 선을 긋습니다.
주의 반직선 ㄷㄹ은 점 ㄷ에서 시작하여 점 ㄹ을 지나는 반직선이므로 다음과 같이 그리지 않도록 주의합니다.
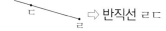 ⇨ 반직선 ㄹㄷ

1-5 생각 열기 반직선은 시작하는 점부터 읽습니다.
ⓛ 점 ㄴ에서 시작하여 점 ㄷ을 지나는 반직선이므로 반직선 ㄴㄷ입니다.

2-1 생각 열기 한 점에서 그은 두 반직선으로 이루어진 도형을 각이라고 합니다.
각을 읽을 때에는 꼭짓점이 가운데에 오도록 읽습니다.

2-2 삼각자의 직각 부분을 이용하여 직각을 찾습니다.

2-3 각은 한 점에서 그은 두 반직선으로 이루어진 도형입니다.
서술형 가이드 각의 뜻을 정확히 알고 주어진 도형이 각이 아닌 이유를 바르게 썼는지 확인합니다.

채점기준	주어진 도형이 각이 아닌 이유를 바르게 설명함.	상
	주어진 도형이 각이 아닌 이유 설명이 부족함.	중
	주어진 도형이 각이 아닌 이유를 설명하지 못함.	하

2-4
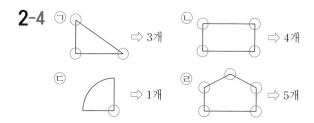
ㄱ ⇨ 3개   ㄴ ⇨ 4개   ㄷ ⇨ 1개   ㄹ ⇨ 5개

2-5 생각 열기 삼각자의 직각 부분을 대어 보아 꼭 맞으면 직각입니다.
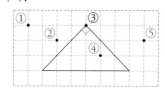 ⇨ **12개**

3-1 생각 열기 한 각이 직각인 삼각형을 직각삼각형이라고 합니다.
한 각이 직각인 삼각형은 **가, 다**입니다.

3-2 생각 열기 직각삼각형은 한 각이 직각이므로 주어진 선분의 양 끝점과 이어 직각이 되는 점을 찾습니다.
③의 점과 주어진 선분의 양 끝점을 이으면 직각삼각형이 됩니다.
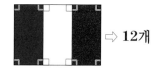

3-3 한 각이 직각이고 모양과 크기가 다른 삼각형을 2개 그립니다.

3-4 두 삼각형은 한 각이 직각이므로 모두 직각삼각형입니다.
서술형 가이드 주어진 삼각형을 보고 같은 점을 바르게 썼는지 확인합니다.

채점기준	주어진 두 삼각형의 같은 점을 바르게 설명함.	상
	주어진 두 삼각형의 같은 점의 설명이 부족함.	중
	두 삼각형의 같은 점을 찾지 못함.	하

4-1 네 각이 모두 직각인 사각형을 직사각형이라고 합니다. ⇨ **가, 나, 라**

4-2 네 각이 모두 직각이고 네 변의 길이가 모두 같은 사각형을 정사각형이라고 합니다. ⇨ **가, 라**

4-3 직사각형은 마주 보는 두 변의 길이가 서로 같습니다.

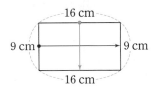

4-4 네 각이 모두 직각인 사각형을 그립니다.

4-5 정사각형 ── ① 네 각이 모두 직각입니다.
　　　　　└── ② 네 변의 길이가 모두 같습니다.

서술형 가이드 주어진 도형이 정사각형이 아닌 이유를 바르게 썼는지 확인합니다.

채점 기준		
주어진 도형이 정사각형이 아닌 이유를 바르게 설명함.	상
정사각형은 알고 있지만 주어진 도형이 정사각형이 아닌 이유의 설명이 부족함.	중
정사각형이 아닌 이유를 설명하지 못함.	하

참고
① 정사각형 알아보기
② 정사각형과 맞지 않는 부분 찾기
③ 정사각형이 아닌 이유 쓰기

4-6 주어진 도형은 ㉣ 사각형이고, 네 각이 모두 직각이므로 ㉡ 직사각형이고, 네 변의 길이가 모두 같으므로 ㉠ 정사각형입니다.

참고 정사각형은 네 각이 모두 직각이므로 직사각형이라고 말할 수 있습니다.

4-7 ㉢ 직사각형은 네 각이 모두 직각이지만 네 변의 길이가 모두 같지는 않으므로 정사각형이라고 말할 수 없습니다.

4-8 정사각형은 네 변의 길이가 모두 같습니다.
(정사각형의 네 변의 길이의 합)
$= 15 + 15 + 15 + 15 = \textbf{60 (cm)}$
참고 한 변이 ★인 정사각형의 네 변의 길이의 합은
★＋★＋★＋★＝★×4입니다.

STEP 2 응용 유형 익히기　38~43쪽

응용 **1** 11개
예제 **1-1** 3개　　　예제 **1-2** 5개
응용 **2** 3개
예제 **2-1** 각 ㄴㅇㄷ 또는 각 ㄷㅇㄴ,
　　　　　각 ㅁㅇㄹ 또는 각 ㄹㅇㅁ
예제 **2-2** 20개
응용 **3** 6개
예제 **3-1** 10개　　　예제 **3-2** 6개
응용 **4** 5개
예제 **4-1** 14개　　　예제 **4-2** 16개
응용 **5** 7 cm
예제 **5-1** 22 m　　　예제 **5-2** 20 cm
응용 **6** 72 cm
예제 **6-1** 70 cm　　　예제 **6-2** 16 cm

응용 **1** 생각 열기 두 점을 이은 곧은 선을 선분이라고 합니다.

(1) 가　　　　나

　⇨ 5개　　　⇨ 6개

(2) 선분의 수의 합: 5＋6＝11(개)

예제 **1-1** 가　　　나

두 도형의 선분의 수는 가는 8개, 나는 5개입니다.
따라서 두 도형의 선분의 수의 차는
8－5＝**3(개)**입니다.

예제 **1-2** 해법 순서

① 각 도형에 있는 선분을 세어 봅니다.
② 선분의 수가 가장 많은 도형과 가장 적은 도형을 찾아봅니다.
③ ②에서 찾은 두 도형의 선분의 수의 차를 구합니다.

가　　　　나

　⇨ 7개　　　⇨ 8개

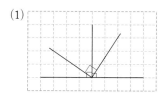

⇨ 10개　　　　⇨ 5개

따라서 선분의 수가 가장 많은 도형은 다로 10개이고 가장 적은 도형은 라로 5개이므로 선분의 수의 차는 10-5=**5(개)**입니다.

응용 **2**　(1)

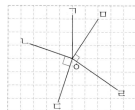

(2) 직각은 모두 **3개**입니다.

참고 삼각자의 직각 부분을 이용하여 직각을 찾거나 모눈의 가로줄과 세로줄이 서로 직각인 것을 이용하여 찾을 수도 있습니다.

예제 **2-1**

직각은 각 ㄴㅇㄷ(또는 각 ㄷㅇㄴ)과 각 ㅁㅇㄹ(또는 각 ㄹㅇㅁ)으로 모두 2개입니다.

참고 직각을 찾아 읽을 때 각 ㄴㅇㄷ 대신 각 ㄷㅇㄴ, 각 ㅁㅇㄹ 대신 각 ㄹㅇㅁ이라고 읽을 수도 있습니다.

예제 **2-2**　• 각 1개로 이루어진 직각

 : 8개

• 각 2개로 이루어진 직각

 : 12개

따라서 찾을 수 있는 직각은 모두 8+12=**20(개)**입니다.

응용 **3**　생각 열기 한 점에서 그을 수 있는 직선의 수를 먼저 알아봅니다.

(1) 점 ㄱ과 다른 한 점을 지나는 직선은 3개 그을 수 있습니다.

(2) 4개의 점 중 2개의 점을 지나는 직선은 모두 **6개** 그을 수 있습니다.

참고 점 ㄱ과 다른 한 점을 이어 그을 수 있는 직선은 3개이고 점 ㄴ, 점 ㄷ, 점 ㄹ과 다른 한 점을 이어 그을 수 있는 직선도 각각 3개씩이므로 그을 수 있는 직선은 모두 3×4=12(개)입니다.

그러나 직선 ㄱㄴ과 직선 ㄴㄱ은 같은 도형이므로 그을 수 있는 직선은 모두 6개입니다.

예제 **3-1**　생각 열기 5개의 점 중 2개의 점을 지나는 직선을 모두 그어 봅니다.

5개의 점 중 2개의 점을 지나는 직선을 그어 보면 그림과 같이 모두 **10개** 그을 수 있습니다.

다른 풀이 각 점에서 그을 수 있는 직선은 4개씩이고 점이 모두 5개이므로 그을 수 있는 직선은 모두 5×4=20(개)입니다.

그러나 직선 ㄱㄴ과 직선 ㄴㄱ은 같은 도형이므로 그을 수 있는 직선은 모두 10개입니다.

예제 **3-2**　생각 열기 한 점에서 시작하여 한쪽으로 끝없이 늘인 곧은 선을 반직선이라고 합니다.

• 점 ㄱ에서 시작하여 그을 수 있는 반직선

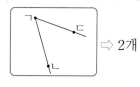 ⇨ 2개

• 점 ㄴ에서 시작하여 그을 수 있는 반직선

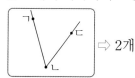 ⇨ 2개

• 점 ㄷ에서 시작하여 그을 수 있는 반직선

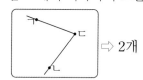 ⇨ 2개

다음 페이지에 풀이 계속

따라서 3개의 점 중 2개의 점을 이어서 그을 수 있는 반직선은 모두 2×3=**6(개)**입니다.

다른 풀이 각 점에서 시작하여 그을 수 있는 반직선은 2개씩이고 점이 모두 3개이므로 그을 수 있는 반직선은 모두 2×3=6(개)입니다.

응용 **4** 생각 열기 찾을 수 있는 직각삼각형의 종류를 알아봅니다.

(1)

• 1개짜리: ①, ②, ③ ⇨ 3개
• 2개짜리: ①② ⇨ 1개
• 3개짜리: ①②③ ⇨ 1개

(2) 도형에서 찾을 수 있는 크고 작은 직각삼각형은 모두 3+1+1=**5(개)**입니다.

예제 **4-1** 생각 열기 찾을 수 있는 정사각형의 종류를 알아봅니다.

• 정사각형 1개짜리로 된 정사각형
  ⇨ 9개
• 정사각형 4개짜리로 된 정사각형
  ⇨ 4개
• 정사각형 9개짜리로 된 정사각형
  ⇨ 1개

따라서 도형에서 찾을 수 있는 크고 작은 정사각형은 모두 9+4+1=**14(개)**입니다.

예제 **4-2**

• 1개짜리: ①, ②, ③, ④, ⑤, ⑥ ⇨ 6개
• 2개짜리: ①②, ③④, ④⑤, ⑤⑥, ①③, ②④
  ⇨ 6개
• 3개짜리: ③④⑤, ④⑤⑥ ⇨ 2개
• 4개짜리: ①②③④, ③④⑤⑥ ⇨ 2개
  ⇨ 6+6+2+2=**16(개)**

응용 **5** (1) 직사각형은 마주 보는 두 변의 길이가 서로 같으므로 직사각형의 네 변의 길이의 합은 10+□+10+□=34입니다.
(2) 10+□+10+□=34, 20+□+□=34,
□+□=14, □=7
따라서 직사각형의 세로는 **7 cm**입니다.

예제 **5-1** 생각 열기 (직사각형의 네 변의 길이의 합)
=(가로)+(세로)+(가로)+(세로)

해법 순서
① 밭의 세로를 □ m라 하고 직사각형의 네 변의 길이의 합을 구하는 식을 세웁니다.
② ①의 식을 계산하여 □를 구합니다.
직사각형에서 마주 보는 두 변의 길이는 서로 같으므로 밭의 세로를 □ m라 하면
(밭의 네 변의 길이의 합)
=38+□+38+□=120,
□+□=44, □=22
따라서 밭의 세로는 **22 m**입니다.

예제 **5-2** 생각 열기 정사각형은 네 변의 길이가 모두 같습니다.

해법 순서
① 직사각형 가의 네 변의 길이의 합을 구합니다.
② 정사각형 나의 한 변을 □ cm라 하고 네 변의 길이의 합을 구하는 식을 세웁니다.
③ ②의 식을 계산하여 □를 구합니다.
(가의 네 변의 길이의 합)
=23+17+23+17=80 (cm)
정사각형 나의 한 변을 □ cm라 하면
정사각형의 네 변의 길이의 합은 80 cm이므로
□+□+□+□=80, □=20입니다.
따라서 정사각형의 한 변은 **20 cm**입니다.

참고
• 직사각형의 두 변이 각각 ■, ▲일 때
  (직사각형의 네 변의 길이의 합)
  =■+▲+■+▲
• 정사각형의 한 변이 ★일 때
  (정사각형의 네 변의 길이의 합)
  =★+★+★+★
  =★×4

응용 **6** 생각 열기 굵은 선의 길이는 정사각형의 변 몇 개의 길이의 합과 같은지 알아봅니다.
(1) 굵은 선의 길이는 정사각형의 변 12개의 길이의 합과 같습니다.
(2) (굵은 선의 길이)
=6+6+6+6+6+6+6+6+6+6+6+6
    ⎣_____ 12번 _____⎦
=**72 (cm)**

참고

$$\underbrace{6+6+6+6+6+6+6+6+6+6}_{6이\ 10개이므로\ 60}\underbrace{+6+6}_{6이\ 2개이므로\ 12}$$
$$=60+12=72\,(\text{cm})$$

예제 **6-1** 해법 순서

① 굵은 선의 길이는 정사각형의 변 몇 개의 길이의 합과 같은지 알아봅니다.
② 굵은 선의 길이를 구합니다.

굵은 선의 길이는 정사각형의 변 10개의 길이의 합과 같습니다.
⇨ (굵은 선의 길이)
$$=\underbrace{7+7+7+7+7+7+7+7+7+7}_{10개}$$
$$=\textbf{70 (cm)}$$

다른 풀이

오른쪽 그림과 같이 변을 이동시켜 보면 굵은 선의 길이는 변을 이동시켜 만든 직사각형의 네 변의 길이의 합과 같습니다.
(만든 직사각형의 가로)=7+7+7=21 (cm)
(만든 직사각형의 세로)=7+7=14 (cm)
⇨ (굵은 선의 길이)
$$=21+14+21+14=70\,(\text{cm})$$

예제 **6-2** 해법 순서

① 굵은 선의 길이는 정사각형의 변 몇 개의 길이의 합과 같은지 알아봅니다.
② 정사각형의 한 변의 길이를 구합니다.
③ 정사각형의 네 변의 길이의 합을 구합니다.

만든 도형의 굵은 선의 길이는 정사각형의 변 10개의 길이의 합과 같습니다.
정사각형의 한 변을 □ cm라 하면
□+□+□+□+□+□+□+□+□+□
=40, □=4이므로 정사각형의 한 변은 4 cm입니다.
⇨ (정사각형의 네 변의 길이의 합)
$$=4+4+4+4=\textbf{16 (cm)}$$

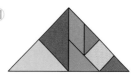

3 STEP 응용 유형 뛰어넘기 44~49쪽

1 ㉠, ㉢

2 예

3 예 반직선은 한쪽으로 끝없이 늘어나지만 직선은 양쪽으로 끝없이 늘어나.

4 13개

5

6

7 12개　　　　**8** 9

9 15개　　　　**10** 36개

11 예 1 m=100 cm이고 한 변이 6 cm인 정사각형을 한 개 만드는 데 필요한 철사는
6+6+6+6=24 (cm)입니다.
100−24−24−24−24=4 (cm)이므로 정사각형을 4개까지 만들 수 있습니다.
; 4개

12 22 cm　　　**13** 21 cm

14 72 cm　　　**15** 104 cm

16 17개　　　　**17** 60 cm

18 예 사각형 ㅅㅇㄷㄹ은 정사각형이므로
(변 ㅇㄷ)=(변 ㄹㄷ)=(변 ㄱㄴ)=16 cm입니다.
(변 ㄴㅇ)=28−16=12 (cm)이고,
사각형 ㄱㅁㅂㅅ은 정사각형이므로
(변 ㄱㅁ)=(변 ㅁㅂ)=(변 ㄴㅇ)=12 cm입니다.
따라서 (변 ㅂㅇ)=(변 ㅁㄴ)=16−12=4 (cm)이므로 직사각형 ㅁㄴㅇㅂ의 네 변의 길이의 합은 4+12+4+12=32 (cm)입니다.
; 32 cm

1 생각 열기 직각삼각형은 한 각이 직각입니다.
ⓒ 직각삼각형에는 꼭짓점이 3개 있습니다.
ⓔ 직각삼각형에는 직각이 1개 있습니다.
주의 직각삼각형에는 각이 3개 있고 세 각 중 한 각이 직각임에 주의합니다.

2 7개의 조각에서 길이가 같은 변끼리 이어 붙여 한 각이 직각인 직각삼각형이 되도록 여러 가지 방법으로 만들어 봅니다.

3 생각 열기 반직선은 한 점에서 시작하여 한쪽으로 끝없이 늘인 곧은 선이고 직선은 선분을 양쪽으로 끝없이 늘인 곧은 선입니다.
서술형 가이드 반직선과 직선의 다른 점에 대해 바르게 설명했는지 확인합니다.

채점기준	반직선과 직선의 다른 점에 대해 바르게 설명함.	상
	반직선과 직선의 다른 점에 대한 설명이 부족함.	중
	반직선과 직선의 다른 점에 대해 설명하지 못함.	하

참고
• 반직선: 한 점에서 시작하여 한쪽으로 끝없이 늘인 곧은 선
예 ㄱ━━━ㄴ ⇨ 반직선 ㄱㄴ
• 직선: 선분을 양쪽으로 끝없이 늘인 곧은 선
예 ━ㄱ━━ㄴ━ ⇨ 직선 ㄱㄴ 또는 직선 ㄴㄱ

4 해법 순서
① 각 도형에서 직각을 찾아 세어 봅니다.
② 찾은 직각의 수를 모두 더합니다.
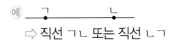
⇨ 2+8+3=**13**(개)
주의 각 두 개가 합쳐져서 직각이 되는 경우도 있으므로 빠트리지 않고 모두 찾아봅니다.

5

6 정사각형의 한 변의 길이를 □ cm라 하면
□×4=20이고 5×4=20이므로 □=5입니다.
한 변의 길이가 5 cm인 정사각형을 그립니다.

7 해법 순서
① 한 점에서 시작하여 그을 수 있는 반직선의 수를 알아봅니다.
② 나머지 점에서 시작하여 그을 수 있는 반직선의 수를 각각 알아봅니다.
③ 4개의 점 중 2개의 점을 이어 그을 수 있는 반직선은 모두 몇 개인지 구합니다.
• 점 ㄱ에서 시작하여 그을 수 있는 반직선
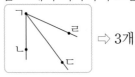 ⇨ 3개
• 점 ㄴ에서 시작하여 그을 수 있는 반직선
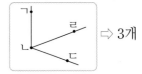 ⇨ 3개
• 점 ㄷ에서 시작하여 그을 수 있는 반직선
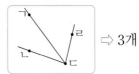 ⇨ 3개
• 점 ㄹ에서 시작하여 그을 수 있는 반직선
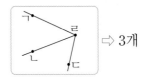 ⇨ 3개
따라서 4개의 점 중 2개의 점을 이어서 그을 수 있는 반직선은 모두 3×4=**12**(개)입니다.
다른 풀이 각 점에서 시작하여 그을 수 있는 반직선은 3개씩이고 점이 모두 4개이므로 그을 수 있는 반직선은 모두 3×4=12(개)입니다.

8 생각 열기 직사각형은 마주 보는 변의 길이가 서로 같고, 정사각형은 네 변의 길이가 모두 같습니다.
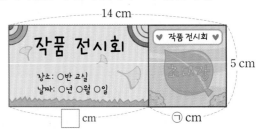
빨간색 선분으로 이루어진 사각형은 정사각형이고 정사각형의 네 변의 길이는 모두 같으므로 ⊙=5입니다.
따라서 직사각형은 마주 보는 변의 길이가 서로 같으므로 □+5=14, □=**9**입니다.

9 생각 열기 주어진 직사각형에 한 변이 5 cm인 정사각형이 몇 개씩 몇 줄로 들어갈 수 있는지 알아봅니다.

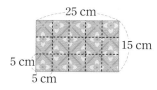

한 변이 5 cm인 정사각형을 위와 같이 한 줄에 5개씩 3줄로 나눌 수 있습니다.
따라서 한 변이 5 cm인 정사각형을 $5 \times 3 = $**15(개)**까지 만들 수 있습니다.

10 생각 열기 찾을 수 있는 직사각형의 종류를 모두 알아봅니다.

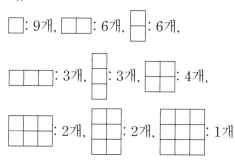

따라서 찾을 수 있는 크고 작은 직사각형은 모두
$9+6+6+3+3+4+2+2+1=$**36(개)**입니다.

주의 정사각형도 직사각형이라고 말할 수 있으므로 정사각형도 세어야 합니다.

11 생각 열기 먼저 정사각형 한 개를 만드는 데 필요한 철사의 길이를 구합니다.

해법 순서
① 1 m는 몇 cm인지 알아봅니다.
② 정사각형의 네 변의 길이의 합을 구합니다.
③ 정사각형을 몇 개까지 만들 수 있는지 구합니다.

서술형 가이드 정사각형의 네 변의 길이의 합을 이용하여 정사각형을 몇 개까지 만들 수 있는지 알아보는 풀이 과정이 들어 있어야 합니다.

채점기준		
정사각형의 네 변의 길이의 합을 구하여 정사각형을 몇 개까지 만들 수 있는지 바르게 구함.	상	
정사각형의 네 변의 길이의 합을 구하였으나 정사각형을 몇 개까지 만들 수 있는지는 구하지 못함.	중	
정사각형의 네 변의 길이의 합을 구하는 방법을 알지 못하여 문제를 해결하지 못함.	하	

12 해법 순서
① 사각형 ㅁㅂㄷㄹ의 각 변의 길이를 구합니다.
② 사각형 ㅁㅂㄷㄹ의 네 변의 길이의 합을 구합니다.

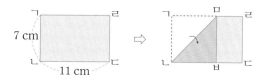

사각형 ㄱㄴㅂㅁ은 한 변이 7 cm인 정사각형이고 사각형 ㅁㅂㄷㄹ은 직사각형입니다.
(변 ㅁㅂ)=(변 ㄹㄷ)=(변 ㄱㄴ)=7 cm,
(변 ㅁㄹ)=(변 ㅂㄷ)=$11-7=4$ (cm)이므로
사각형 ㅁㅂㄷㄹ의 네 변의 길이의 합은
$4+7+4+7=$**22 (cm)**입니다.

13 해법 순서
① 정사각형의 네 변의 길이의 합을 구합니다.
② 직사각형의 가로를 □ cm로 하여 직사각형의 네 변의 길이의 합을 구하는 식을 세웁니다.
③ ②의 식을 계산하여 직사각형의 가로를 구합니다.

정사각형은 네 변의 길이가 모두 같으므로
(정사각형의 네 변의 길이의 합)
$=15+15+15+15$
$=60$ (cm)
정사각형과 직사각형의 네 변의 길이의 합이 같으므로 직사각형의 가로를 □ cm라 하면
(직사각형의 네 변의 길이의 합)
$=□+9+□+9=60$
$□+9+□+9=60$,
$□+□=42$, $□=21$입니다.
따라서 직사각형의 가로는 **21 cm**입니다.

참고
• 직사각형의 두 변이 각각 ■, ▲일 때
(직사각형의 네 변의 길이의 합)
$=■+▲+■+▲$
• 정사각형의 한 변이 ★일 때
(정사각형의 네 변의 길이의 합)
$=★+★+★+★$
$=★\times4$

14 생각 열기 굵은 선을 이용하여 직사각형이나 정사각형을 만들어 봅니다.

정사각형의 변을 이동시키면 굵은 선의 길이는 도형을 둘러싼 큰 정사각형의 네 변의 길이의 합과 같습니다.

(큰 정사각형의 한 변)
$=6\times3=18$ (cm)
⇨ (굵은 선의 길이)$=18+18+18+18=$**72 (cm)**

15

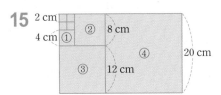

(정사각형 ①의 한 변의 길이)=2+2=4 (cm)
(정사각형 ②의 한 변의 길이)=2+2+4=8 (cm)
(정사각형 ③의 한 변의 길이)=4+8=12 (cm)
(정사각형 ④의 한 변의 길이)=8+12=20 (cm)
(처음 직사각형 모양 종이의 긴 변의 길이)
=12+20=32 (cm)
(처음 직사각형 모양 종이의 네 변의 길이의 합)
=32+20+32+20=**104 (cm)**

16

• 1개짜리: ①, ②, ③, ④, ⑤, ⑥, ⑦, ⑧ ⇨ 8개
• 2개짜리: ①②, ③④, ⑤⑥, ⑦⑧, ①⑤, ②⑥
  ⇨ 6개
• 4개짜리: ①③④⑤, ②⑥⑦⑧ ⇨ 2개
• 8개짜리: ①②③④⑤⑥⑦⑧ ⇨ 1개
⇨ 8+6+2+1=**17(개)**

17

생각 열기 정사각형은 똑같은 직사각형 3개를 이어 붙여 만든 것입니다.

해법 순서
① 직사각형의 가로를 구합니다.
② 직사각형의 세로를 구합니다.
③ 정사각형의 네 변의 길이의 합을 구합니다.

직사각형의 세로는 정사각형의 한 변과 같고 직사각형의 가로의 3배이므로 직사각형의 가로를 □ cm 라 하면

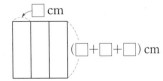

직사각형의 세로는 (□+□+□) cm입니다.
직사각형 한 개의 네 변의 길이의 합이 40 cm이므로
□+(□+□+□)+□+(□+□+□)=40,
□=5입니다.
직사각형의 가로는 5 cm이고, 정사각형의 한 변은 직사각형 세로와 같으므로 5×3=15 (cm)입니다.
⇨ (정사각형의 네 변의 길이의 합)
  =15+15+15+15=**60 (cm)**

18

생각 열기 정사각형은 네 변의 길이가 모두 같고 직사각형은 마주 보는 두 변의 길이가 같습니다.

서술형 가이드 정사각형의 네 변의 길이가 모두 같음을 알고 직사각형 ㅁㄴㅇㅂ의 네 변의 길이의 합을 구하는 풀이 과정이 들어 있어야 합니다.

채점 기준	정사각형의 네 변의 길이가 모두 같음을 이용하여 직사각형 ㅁㄴㅇㅂ의 네 변의 길이의 합을 바르게 구함.	상
	정사각형과 직사각형의 성질을 알고 있으나 계산 과정에서 실수가 있어 답이 틀림.	중
	정사각형과 직사각형의 성질을 알지 못하여 답을 구하지 못함.	하

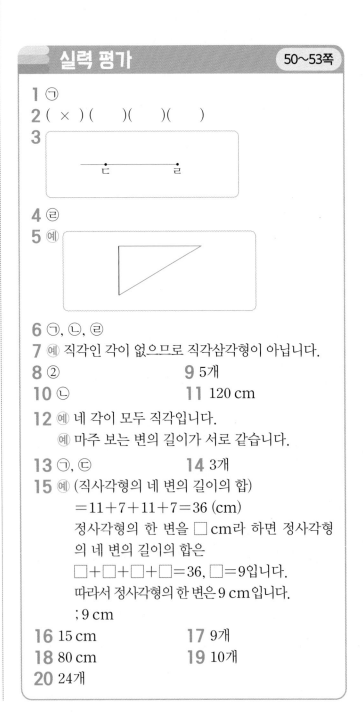

실력 평가 50~53쪽

1 ㉠
2 (×) (   ) (   ) (   )
3
  └──●────────●──
     ㄷ   ㄹ

4 ㉣
5 예
6 ㉠, ㉡, ㉣
7 예 직각인 각이 없으므로 직각삼각형이 아닙니다.
8 ②   9 5개
10 ㉡   11 120 cm
12 예 네 각이 모두 직각입니다.
   예 마주 보는 변의 길이가 서로 같습니다.
13 ㉠, ㉢   14 3개
15 예 (직사각형의 네 변의 길이의 합)
      =11+7+11+7=36 (cm)
   정사각형의 한 변을 □ cm라 하면 정사각형의 네 변의 길이의 합은
   □+□+□+□=36, □=9입니다.
   따라서 정사각형의 한 변은 9 cm입니다.
   ; 9 cm
16 15 cm   17 9개
18 80 cm   19 10개
20 24개

1 ⊙ ㄱ━●━━━●━ㄴ ⇨ 직선 ㄱㄴ 또는 직선 ㄴㄱ

ⓒ ㄱ●━━━●▶━ㄴ ⇨ 반직선 ㄱㄴ

ⓒ ㄱ●━━━●━ㄴ ⇨ 선분 ㄱㄴ 또는 선분 ㄴㄱ

ⓔ ㄱ◀━━━●━━ㄴ ⇨ 반직선 ㄴㄱ

2 직각이 아닌 각이 있으므로 직사각형이
아닙니다.

3 점 ㄹ에서 시작하여 점 ㄷ을 지나는 곧은 선을 긋습
니다.

주의 반직선 ㄹㄷ과 반직선 ㄷㄹ이 다른 것에 주의합니다.

4 각은 한 점에서 그은 두 반직선으로 이루어진 도형입
니다.

5 한 각이 직각인 삼각형을 그립니다.

6 희지의 방은 ⊙ 사각형이고, 네 각이 모두 직각이므
로 ⓒ 직사각형이고, 네 변의 길이가 모두 같으므로
ⓔ 정사각형입니다.

참고

• 정사각형은 네 각이 모두 직각이므로 직사각형이라고 말
할 수 있습니다.

• 직사각형은 네 변의 길이가 모두 같지는 않으므로 정사각
형이라고 말할 수 없습니다.

7 직각삼각형은 한 각이 직각인 삼각형입니다.

서술형 가이드 직각삼각형을 알고 주어진 도형이 직각삼
각형이 아닌 이유를 바르게 썼는지 확인합니다.

채점기준	직각삼각형을 알고 주어진 도형이 직각삼각형이 아닌 이유를 바르게 설명함.	상
	직각삼각형은 알고 있지만 주어진 도형이 직각삼각형이 아닌 이유의 설명이 부족함.	중
	직각삼각형을 몰라 이유를 쓰지 못함.	하

8

꼭짓점 ㄱ을 ②로 옮기면 각 ㄱㄷㄴ이 직각이 되어서
삼각형 ㄱㄴㄷ은 직각삼각형이 됩니다.

9 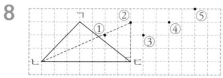 ⇨ **5개**

10 ⓒ 네 각이 모두 직각이고 네 변의 길이가 모두 같은
사각형은 정사각형으로 변의 길이에 따라 크기는 서
로 다릅니다.

11 생각 열기 (정사각형의 네 변의 길이의 합)
　　　＝(한 변)＋(한 변)＋(한 변)＋(한 변)
　　　＝(한 변)×4

정사각형은 네 변의 길이가 모두 같으므로 바둑판의
네 변의 길이의 합은
30＋30＋30＋30＝**120 (cm)**입니다.

12 두 사각형은 네 각이 모두 직각이고 마주 보는 두 변
의 길이가 서로 같습니다.

서술형 가이드 주어진 사각형을 보고 같은 점을 바르게
썼는지 확인합니다.

채점기준	주어진 두 사각형의 같은 점 2가지를 바르게 설명함.	상
	주어진 두 사각형의 같은 점을 1가지만 바르게 설명함.	중
	주어진 두 사각형의 같은 점을 설명하지 못함.	하

13 ⊙ 　ⓒ 　ⓒ 　ⓔ

따라서 시계의 긴바늘과 짧은바늘이 이루는 각이
직각인 시각은 ⊙ 3시와 ⓒ 9시입니다.

14

따라서 점 ㄱ을 꼭짓점으로 하는 각은 모두 3개 그릴
수 있습니다.

15 해법 순서

① 직사각형의 네 변의 길이의 합을 구합니다.

② 정사각형의 한 변을 구합니다.

서술형 가이드 직사각형과 정사각형의 네 변의 길이의 합
을 구하는 방법을 이용하는 풀이 과정이 들어 있어야 합
니다.

채점기준	직사각형과 정사각형의 네 변의 길이의 합을 구하는 방법을 이용하여 답을 바르게 구함.	상
	직사각형과 정사각형의 네 변의 길이의 합을 구하는 방법을 알고 있으나 실수가 있어 답이 틀림.	중
	직사각형과 정사각형의 네 변의 길이의 합을 구하는 방법을 몰라 문제를 해결하지 못함.	하

16 해법 순서

① 직사각형의 세로를 □ cm로 하여 직사각형의 네 변의 길이의 합을 구하는 식을 세웁니다.

② ①의 식을 계산하여 직사각형의 세로를 구합니다.

만든 직사각형의 세로를 □ cm라 하면

$26+□+26+□=82$, $52+□+□=82$,

$□+□=30$, $□=$**15**입니다.

17 생각 열기 찾을 수 있는 직사각형의 종류를 알아봅니다.

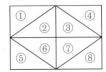

• 2개짜리: ①②, ③④, ⑤⑥, ⑦⑧ ⇨ 4개

• 4개짜리: ①②③④, ⑤⑥⑦⑧, ①②⑤⑥, ③④⑦⑧
    ⇨ 4개

• 8개짜리: ①②③④⑤⑥⑦⑧ ⇨ 1개

⇨ $4+4+1=$**9(개)**

18 (정사각형의 한 변의 길이)

$=5+5+5+5=20$ (cm)

(정사각형의 네 변의 길이의 합)

$=20+20+20+20=$**80 (cm)**

19 생각 열기 찾을 수 있는 직각삼각형의 종류를 알아봅니다.

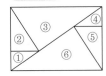

• 1개짜리: ①, ②, ③, ④, ⑤, ⑥ ⇨ 6개

• 2개짜리: ①②, ④⑤ ⇨ 2개

• 3개짜리: ①②③, ④⑤⑥ ⇨ 2개

⇨ $6+2+2=$**10(개)**

20 직각삼각형 모양의 타일 2개를 이어 붙여 가로가 8 cm, 세로가 6 cm인 직사각형 모양 1개를 만들 수 있습니다.

이 직사각형을 가로로 3개, 세로로 4개씩 모두 $3×4=12$(개) 이어 붙이면 한 변의 길이가 24 cm인 정사각형 모양을 만들 수 있습니다.

⇨ (필요한 직각삼각형 모양의 타일 수)

$=12+12=$**24(개)**

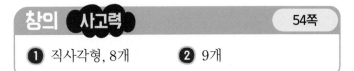

창의 사고력   54쪽

❶ 직사각형, 8개   ❷ 9개

❶ 생각 열기 직사각형 모양의 종이를 1번 접은 것을 펼쳐 자르면 직사각형 2개가 생기고, 2번 접은 것을 펼쳐 자르면 직사각형 4개가 생깁니다.

해법 순서

① 그림과 같이 정사각형 모양의 색종이를 접었다가 펼쳤을 때 생기는 모양을 알아봅니다.

② 접힌 선을 따라 자르면 어떤 도형이 몇 개 생기는지 알아봅니다.

색종이를 접은 것을 다시 펼치면 다음과 같은 모양이 됩니다.

따라서 접힌 선을 따라 자르면 **직사각형**이 **8개** 생깁니다.

❷ 생각 열기 점 종이 위의 한 점과 선분의 양 끝점을 이었을 때 직각이 만들어지는 경우를 생각해 봅니다.

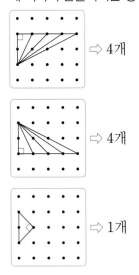

따라서 그릴 수 있는 직각삼각형은 모두

$4+4+1=$**9(개)**입니다.

3. 나눗셈

STEP 1 기본 유형 익히기

58~61쪽

1-1 4　　　　　　**1-2** 2, 7 ; 7개

1-3 40, 5　　　　**1-4** 4개

2-1 0 ; 3 ; 3

2-2 예  ; 4

2-3 6, 7 ; 7도막　　　**2-4** ㉢

3-1 (1) 예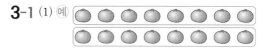

　　　 ; 16, 2, 8 ; 8개

　　 (2) 예

　　　 ; 16, 2, 8 ; 8명

4-1 8, 7, 56 ; 7, 8, 56　　**4-2** 42, 6, 7 ; 42, 7, 6

4-3 3, 3 ; 3, 3, 8

5-1 (선잇기 그림)　　**5-2** (1) 9, 9　(2) 8, 8

　　　　　　　　　　5-3 9 ; 9 ; 9묶음

5-4 예 $9 \times 8 = 72$이므로 $72 \div 9$의 몫은 8입니다.

6-1 (1) 4　(2) 6　　　**6-2** (선잇기 그림)

6-3 ㉡, ㉣, ㉢, ㉠　　**6-4** $40 \div 8 = 5$; 5장

6-5 (1) 7 ; 7상자　(2) 7, 5 ; 5상자

1-1

(사과 그림)

두 접시에 사과를 한 개씩 번갈아 가며 놓으면 한 접시에 사과를 4개씩 놓게 됩니다.

⇨ $8 \div 2 = 4$(개)

1-2 (한 명이 가져야 할 빵 수)

　　 =(전체 빵 수)÷(나누어 가지는 사람 수)

　　 $= 14 \div 2 = 7$(개)

1-3 나눗셈식 $40 \div 8 = 5$에서 5는 40을 8로 나눈 몫입니다.

1-4 (한 명이 먹을 수 있는 자두 수)

　　 =(전체 자두 수)÷(나누어 먹는 사람 수)

　　 $= 36 \div 9 = 4$(개)

2-1 생각 열기 15에서 0이 될 때까지 5를 뺀 횟수가 나눗셈의 몫입니다.

15에서 5를 3번 빼면 0이 되므로 과자 15개를 한 봉지에 5개씩 담으면 필요한 봉지는 3장입니다.

나눗셈식으로 나타내면 다음과 같습니다.

(필요한 봉지 수)

=(전체 과자 수)÷(한 봉지에 담을 과자 수)

$= 15 \div 5 = 3$(장)

참고 뺄셈식을 이용하여 나눗셈식으로 나타내기

$15 - 5 - 5 - 5 = 0 \Rightarrow 15 \div 5 = 3$

　　　 └─3번─┘　　　　빼는 수┘ └빼는 횟수(나눗셈의 몫)

2-2 축구공을 3개씩 묶었을 때 묶음 수가 필요한 상자 수입니다.

⇨ 축구공을 3개씩 묶으면 4묶음이 되므로 **4**상자가 필요합니다.

2-3 (엿을 나눈 도막 수)

=(전체 엿의 길이)÷(엿 한 도막의 길이)

$= 42 \div 6 = 7$(도막)

다른 풀이 뺄셈식을 이용하여 나눗셈의 몫을 구할 수도 있습니다. 0이 될 때까지 뺀 횟수가 나눗셈의 몫입니다.

$42 - 6 - 6 - 6 - 6 - 6 - 6 - 6 = 0 \Rightarrow 7$도막

　　　　　└───────7번───────┘

2-4 ㉠ $35 - 7 - 7 - 7 - 7 - 7 = 0$

㉡ 35를 7로 나눈 몫은 5입니다.

주의 $35 \div 7 = 5$를

뺄셈식 $35 - 5 - 5 - 5 - 5 - 5 - 5 - 5 = 0$으로 나타내지 않도록 주의합니다.

3-1 (1) 2묶음으로 똑같이 묶으면 한 묶음에 8개씩이므로 한 명에게 $16 \div 2 = 8$(개)씩 줄 수 있습니다.

　　 (2) 2개씩 묶으면 8묶음이므로 $16 \div 2 = 8$(명)에게 나누어 줄 수 있습니다.

꼼꼼 풀이집

4-1
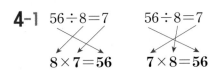

4-2
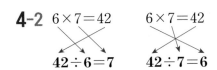

4-3 도넛이 8개씩 3줄 있으므로 8×3=24(개)입니다.

$8 \times 3 = 24$ ⟨ $24 \div 8 = 3$ / $24 \div 3 = 8$

참고
· (한 명에게 줄 수 있는 도넛 수)
　=(전체 도넛 수)÷(나누어 주는 사람 수)
　=$24 \div 8 = 3$(개)
· (나누어 줄 수 있는 사람 수)
　=(전체 도넛 수)÷(한 명에게 줄 도넛 수)
　=$24 \div 3 = 8$(명)

5-1 생각 열기 곱셈식에서 곱하는 수를 찾아 나눗셈의 몫을 구할 수 있습니다.
· $21 \div 3 = \square$ ⇨ $3 \times 7 = 21$ ⇨ $\square = 7$
· $20 \div 4 = \square$ ⇨ $4 \times 5 = 20$ ⇨ $\square = 5$
· $12 \div 6 = \square$ ⇨ $6 \times 2 = 12$ ⇨ $\square = 2$

5-2 (1) $4 \times 9 = 36$ ⇨ $36 \div 4 = \mathbf{9}$
(2) $6 \times 8 = 48$ ⇨ $48 \div 6 = 8$

참고 곱셈식의 곱을 곱해지는 수로 나누면 몫은 곱하는 수가 됩니다.

5-3 (한 묶음에 있는 요구르트 수)×(묶음 수)
　=(전체 요구르트 수)
$5 \times 9 = 45$ ⇨ $45 \div 5 = \mathbf{9}$

5-4 $9 \times 8 = 72$ ⇨ $72 \div 9 = 8$

서술형 가이드 곱셈식 $9 \times 8 = 72$를 이용하여 $72 \div 9$의 몫을 구하는 풀이 과정이 들어 있어야 합니다.

채점 기준		
곱셈식을 이용하여 나눗셈의 몫을 바르게 구함.	상
곱셈식을 이용하여 나눗셈의 몫을 구하였으나 설명이 미흡함.	중
곱셈식을 이용하여 나눗셈의 몫을 구하지 못함.	하

6-1 생각 열기 나누는 수의 단 곱셈구구에서 나눗셈의 몫을 찾아봅니다.
(1) 8단 곱셈구구에서 곱이 32가 되는 경우를 찾으면 $8 \times 4 = 32$입니다.
$8 \times 4 = 32$ ⇨ $32 \div 8 = \mathbf{4}$
(2) 9단 곱셈구구에서 곱이 54가 되는 경우를 찾으면 $9 \times 6 = 54$입니다.
$9 \times 6 = 54$ ⇨ $54 \div 9 = \mathbf{6}$

6-2 · 9단 곱셈구구에서 곱이 45가 되는 경우를 찾으면 $9 \times 5 = 45$입니다.
$9 \times 5 = 45$ ⇨ $45 \div 9 = 5$
· 7단 곱셈구구에서 곱이 49가 되는 경우를 찾으면 $7 \times 7 = 49$입니다.
$7 \times 7 = 49$ ⇨ $49 \div 7 = 7$

6-3 생각 열기 나누는 수의 단 곱셈구구에서 나눗셈의 몫을 찾아봅니다.
㉠ $6 \times \mathbf{4} = 24$ ⇨ $24 \div 6 = \mathbf{4}$
㉡ $3 \times \mathbf{9} = 27$ ⇨ $27 \div 3 = \mathbf{9}$
㉢ $5 \times \mathbf{6} = 30$ ⇨ $30 \div 5 = \mathbf{6}$
㉣ $9 \times \mathbf{7} = 63$ ⇨ $63 \div 9 = \mathbf{7}$
⇨ $9 > 7 > 6 > 4$이므로 나눗셈의 몫이 큰 순서대로 기호를 쓰면 ㉡, ㉣, ㉢, ㉠입니다.

참고 · ■÷●의 몫 구하기
① ●단 곱셈구구에서 곱이 ■가 되는 곱셈식을 찾아봅니다.
② ●×▲=■ ⇨ ■÷●=▲

6-4 서술형 가이드 식 $40 \div 8 = 5$를 쓰고 답을 바르게 구했는지 확인합니다.

채점 기준		
식 $40 \div 8 = 5$를 쓰고 답을 바르게 구했음.	상
식 $40 \div 8$만 썼음.	중
식을 쓰지 못함.	하

참고 · $40 \div 8$의 몫 구하기
8단 곱셈구구에서 곱이 40이 되는 경우를 찾으면 $8 \times 5 = 40$입니다.
$8 \times 5 = 40$ ⇨ $40 \div 8 = 5$

6-5 (1) 5단 곱셈구구에서 곱이 35가 되는 경우를 찾으
면 5×7=35입니다.
5×7=35 ⇨ 35÷5=**7**

(2) 곱해서 35가 되는 두 수를 찾아보면 5와 7입니
다. 따라서 야구공을 한 상자에 5개씩 말고 7개
씩 담을 수 있습니다.
7단 곱셈구구에서 곱이 35가 되는 경우를 찾으
면 7×5=35입니다.
7×5=35 ⇨ 35÷7=**5**

STEP 2 응용 유형 익히기   62~69쪽

응용 **1** ㉢
예제 **1-1** ㉡, ㉣, ㉠, ㉢   예제 **1-2** 4
응용 **2** 3 cm
예제 **2-1** 5 cm   예제 **2-2** 12개
응용 **3** 3
예제 **3-1** 8   예제 **3-2** 6
예제 **3-3** 3
응용 **4** 13개
예제 **4-1** 9일   예제 **4-2** 4 m
응용 **5** 8
예제 **5-1** 8   예제 **5-2** 16
응용 **6** 16그루
예제 **6-1** 18그루   예제 **6-2** 16그루
응용 **7** 42
예제 **7-1** 63   예제 **7-2** 2, 8, 4 ; 4, 2, 6
응용 **8** 5분
예제 **8-1** 9분   예제 **8-2** ㉮ 개미, 1분
예제 **8-3** 72개

응용 **1** 〔생각 열기〕 곱셈과 나눗셈의 관계를 이용하여 □ 안
에 알맞은 수를 구합니다.
(1) ㉠ 56÷□=8 ⇨ □×8=56
7×8=56이므로 □=7입니다.
㉡ □÷3=2 ⇨ 3×2=□
3×2=6이므로 □=6입니다.
㉢ 32÷4=□ ⇨ 4×□=32
4×8=32이므로 □=8입니다.
(2) 8>7>6이므로 ㉢의 □ 안에 알맞은 수가
가장 큽니다.

예제 **1-1** 〔생각 열기〕 곱셈과 나눗셈의 관계를 이용하여 □ 안
에 알맞은 수를 구합니다.
㉠ 27÷3=□ ⇨ 3×□=27
3×9=27이므로 □=9입니다.
㉡ 42÷□=7 ⇨ □×7=42
6×7=42이므로 □=6입니다.
㉢ □÷6=4 ⇨ 6×4=□
6×4=24이므로 □=24입니다.
㉣ 72÷9=□ ⇨ 9×□=72
9×8=72이므로 □=8입니다.
⇨ 6<8<9<24이므로 □ 안에 알맞은 수가
작은 순서대로 기호를 쓰면 ㉡, ㉣, ㉠, ㉢
입니다.

예제 **1-2** 〔해법 순서〕
① 첫 번째 식에서 ●를 구합니다.
② 두 번째 식에서 ★을 구합니다.
③ ①과 ②를 이용하여 ■를 구합니다.
• 63÷●=7 ⇨ ●×7=63
9×7=63이므로 ●=9입니다.
• ★÷6=6 ⇨ 6×6=★
6×6=36이므로 ★=36입니다.
• ★÷■=●에서
36÷■=9 ⇨ ■×9=36
4×9=36이므로 ■=4입니다.

응용 **2** 〔생각 열기〕 정사각형은 네 변의 길이가 모두 같습니다.
(1) 길이가 12 cm인 철사를 모두 사용하여 만
들 수 있는 가장 큰 정사각형은 네 변의 길
이의 합이 12 cm입니다.
(2) 정사각형은 네 변의 길이가 모두 같으므로
(정사각형의 한 변)
=(정사각형의 네 변의 길이의 합)÷4
=12÷4=**3 (cm)**입니다.

예제 **2-1** 80=20+20+20+20이므로 길이가 80 cm
인 철사를 네 도막으로 똑같이 나누면 그중 한
도막의 길이는 20 cm입니다.
길이가 20 cm인 철사를 모두 사용하여 만들
수 있는 가장 큰 정사각형은 네 변의 길이의 합
이 20 cm입니다.
정사각형은 네 변의 길이가 모두 같으므로
(정사각형의 한 변)
=(정사각형의 네 변의 길이의 합)÷4
=20÷4=**5 (cm)**입니다.

예제 **2-2** 직사각형 모양의 종이를 다음과 같이 5 cm씩 자를 수 있습니다.

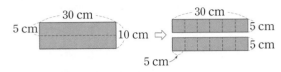

정사각형을 한 줄에 30÷5=6(개)씩

10÷5=2(줄) 만들 수 있으므로 6×2=12(개)

까지 만들 수 있습니다.

응용 **3** 어떤 수를 2로 나누었더니 몫이 9가 되었습니다.

$$\underset{\square}{\qquad}\underset{\div 2}{\qquad}\underset{=9}{\qquad}$$

(1) 어떤 수를 □라 하면

□÷2=9 ⇨ 2×9=□, □=18입니다.

(2) 어떤 수는 18이므로 어떤 수를 6으로 나눈 몫은 18÷6=**3**입니다.

예제 **3-1** 어떤 수를 4로 나누었더니 몫이 6이 되었습니다.

$$\underset{\square}{\qquad}\underset{\div 4}{\qquad}\underset{=6}{\qquad}$$

어떤 수를 □라 하면

□÷4=6 ⇨ 4×6=□, □=24입니다.

⇨ 어떤 수는 24이므로 어떤 수를 3으로 나눈 몫은 24÷3=**8**입니다.

예제 **3-2** 어떤 수를 9로 나누었더니 몫이 4가 되었습니다.

$$\underset{\square}{\qquad}\underset{\div 9}{\qquad}\underset{=4}{\qquad}$$

어떤 수를 □라 하면

□÷9=4 ⇨ 9×4=□, □=36입니다.

⇨ 어떤 수는 36이므로 어떤 수를 6으로 나눈 몫은 36÷6=**6**입니다.

예제 **3-3** 해법 순서

① 잘못 계산한 식에서 어떤 수를 □라 하여 식을 만듭니다.

② 어떤 수 □를 구합니다.

③ 바르게 계산한 값을 구합니다.

어떤 수를 □라 하면

□×3=27 ⇨ 27÷3=□, □=9입니다.

⇨ 어떤 수는 9이므로 바르게 계산하면 9÷3=**3**입니다.

응용 **4** (1) (한 사람이 가지게 되는 호두 수)

=20÷5=4(개)

(한 사람이 가지게 되는 땅콩 수)

=45÷5=9(개)

(2) (한 사람이 가지게 되는 호두와 땅콩의 수)

=4+9=**13(개)**

예제 **4-1** 해법 순서

① 전체 사탕 수를 구합니다.

② 사탕을 먹을 수 있는 날수를 구합니다.

(전체 사탕 수)

=(딸기맛 사탕 수)+(포도맛 사탕 수)

+(오렌지맛 사탕 수)

=16+8+12=36(개)

⇨ (사탕을 먹을 수 있는 날수)

=(전체 사탕 수)÷(하루에 먹는 사탕 수)

=36÷4=**9(일)**

다른 풀이 딸기맛 사탕을 16÷4=4(일), 포도맛 사탕을 8÷4=2(일), 오렌지맛 사탕을 12÷4=3(일) 동안 먹을 수 있으므로 사탕을 4+2+3=9(일) 동안 먹을 수 있습니다.

예제 **4-2** 해법 순서

① 하은이가 선생님께 받은 리본의 길이를 구합니다.

② 하은이에게 남은 리본의 길이를 구합니다.

(하은이가 선생님께 받은 리본의 길이)

=24÷3=8 (m)

⇨ (짝과 나누어 가진 후 하은이에게 남은 리본의 길이)=8÷2=**4 (m)**

응용 **5** (1) 1□÷6=● ⇨ 6×●=1□

(2) 6단 곱셈구구에서 곱의 십의 자리 숫자가 1인 경우를 모두 구해 보면

6×2=1̲2, 6×3=1̲8입니다.

(3) 12÷6=2, 18÷6=3에서 몫이 가장 큰 경우는 18÷6=3이므로 □ 안에 알맞은 수는 8입니다.

예제 **5-1** 생각 열기 2□÷4=●라 하고 곱셈과 나눗셈의 관계를 이용하면 4×●=2□이므로 4단 곱셈구구에서 곱이 2□인 경우를 알아봅니다.

해법 순서

① 4단 곱셈구구에서 곱의 십의 자리 숫자가 2가 되는 경우를 알아봅니다.

② 위 ①에서 찾은 곱을 4로 나누었을 때 몫이 가장 크게 될 때의 □의 값을 구합니다.

4단 곱셈구구에서 곱의 십의 자리 숫자가 2가
되는 경우를 알아보면
$4×5=20$, $4×6=24$, $4×7=28$입니다.
⇨ $20÷4=5$, $24÷4=6$, $28÷4=7$에서 몫
이 가장 큰 경우는 $28÷4=7$이므로 □ 안
에 알맞은 수는 8입니다.

예제 5-2 [해법 순서]
① ㉠에 알맞은 수를 구합니다.
② ㉡에 알맞은 수를 구합니다.
③ ㉠과 ㉡에 알맞은 수의 합을 구합니다.
• $2㉠÷3=●$라 하면 $3×●=2㉠$이므로
3단 곱셈구구에서 곱의 십의 자리 숫자가 2
가 되는 경우를 알아보면
$3×7=21$, $3×8=24$, $3×9=27$입니다.
→ 몫이 가장 클 때는 $27÷3=9$이므로
㉠$=7$입니다.
• $4㉡÷7=▲$라 하면 $7×▲=4㉡$이므로
7단 곱셈구구에서 곱의 십의 자리 숫자가 4
가 되는 경우를 알아보면
$7×6=42$, $7×7=49$입니다.
→ 몫이 가장 클 때는 $49÷7=7$이므로
㉡$=9$입니다.
⇨ ㉠$+$㉡$=7+9=$**16**

응용 6 [생각 열기] (도로의 한쪽에 필요한 가로수의 수)
$=$(도로 한쪽의 가로수 사이의 간격 수)$+1$
⑴ (도로 한쪽의 가로수 사이의 간격 수)
$=56÷8=7$(군데)
⑵ (도로의 한쪽에 필요한 가로수의 수)
$=7+1=8$(그루)
⑶ (도로의 양쪽에 필요한 가로수의 수)
$=8×2=$**16**(그루)

[참고]
(도로 한쪽의 가로수 사이의 간격 수)
$=$(전체 거리)$÷$(가로수와 가로수 사이의 거리)
(도로의 한쪽에 필요한 가로수의 수)
$=$(도로 한쪽의 가로수 사이의 간격 수)$+1$
(도로의 양쪽에 필요한 가로수의 수)
$=$(도로의 한쪽에 필요한 가로수의 수)$×2$

예제 6-1 [생각 열기] (길의 한쪽에 심어져 있는 벚나무 수)
$=$(길 한쪽의 벚나무 사이의 간격 수)$+1$
[해법 순서]
① 길 한쪽의 벚나무 사이의 간격 수를 구합니다.
② 길의 한쪽에 심어져 있는 벚나무 수를 구합니다.
③ 길의 양쪽에 심어져 있는 벚나무 수를 구합니다.
(길 한쪽의 벚나무 사이의 간격 수)
$=48÷6=8$(군데)
(길의 한쪽에 심어져 있는 벚나무 수)
$=8+1=9$(그루)
⇨ (길의 양쪽에 심어져 있는 벚나무 수)
$=9×2=$**18**(그루)
[주의] 벚나무가 심어져 있는 간격 수를 길 한쪽에 심
어져 있는 벚나무의 수로 생각하지 않도록 주의합니다.

예제 6-2 [해법 순서]
① 정사각형의 한 변에 심을 나무 사이의 간격 수를
구합니다.
② 정사각형의 한 변에 심을 나무 수를 구합니다.
③ 정사각형의 네 변에 심을 나무 수를 구합니다.

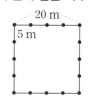

(정사각형의 한 변에 심을 나무 사이의 간격 수)
$=20÷5=4$(군데)
(정사각형의 한 변에 심을 나무 수)
$=4+1=5$(그루)
정사각형의 네 변에 심을 나무 수:
$5×4=20$(그루)에서 정사각형의 각 꼭짓점에
심을 나무 4그루가 겹치므로 빼야 합니다.
⇨ $20-4=$**16**(그루)
[다른 풀이] $20÷5=4$이므로 정사각형의 한 변에는
나무를 $4+1=5$(그루)씩 심을 수 있습니다.
그림처럼 묶어 보면 공원의 둘레에 심을 나무는 모두
$4×4=16$(그루)입니다.

응용 7 생각 열기 6으로 똑같이 나눌 수 있는 수는 6단 곱셈구구의 곱입니다.

(1) 수 카드를 사용하여 만들 수 있는 두 자리 수를 모두 구해 보면

1, 2: 12, 21

2, 4: 24, 42

1, 4: 14, 41입니다.

(2) 6으로 똑같이 나눌 수 있는 수:

$12 \div 6 = 2$, $24 \div 6 = 4$, $42 \div 6 = 7$

(3) $42 > 24 > 12$이므로 가장 큰 수는 **42**입니다.

예제 7-1 생각 열기 9로 똑같이 나눌 수 있는 수는 9단 곱셈구구의 곱입니다.

해법 순서

① 수 카드를 사용하여 만들 수 있는 두 자리 수를 모두 구합니다.

② 위 ①의 수 중 9로 똑같이 나눌 수 있는 수를 구합니다.

③ 위 ②에서 구한 수 중 가장 큰 수를 구합니다.

수 카드 6, 3, 5를 한 번씩만 사용하여 만들 수 있는 두 자리 수는 35, 36, 53, 56, 63, 65입니다.

이 중에서 9로 똑같이 나눌 수 있는 수는 $36 \div 9 = 4$, $63 \div 9 = 7$이므로 36과 63입니다.

⇨ $36 < 63$이므로 더 큰 수는 **63**입니다.

예제 7-2 생각 열기 몫이 7인 나눗셈식은 7단 곱셈구구를 이용합니다.

7단 곱셈구구를 이용하여 나눗셈식을 알아본 후 이 중에서 나누어지는 수와 나누는 수를 주어진 수 카드로 만들 수 있는 경우를 찾아봅니다.

$7 \times 2 = 14$ ⇨ $14 \div 2 = 7$ ($\times$)

$7 \times 3 = 21$ ⇨ $21 \div 3 = 7$ ($\times$)

$7 \times 4 = 28$ ⇨ $\mathbf{28 \div 4 = 7}$ ($\bigcirc$)

$7 \times 5 = 35$ ⇨ $35 \div 5 = 7$ ($\times$)

$7 \times 6 = 42$ ⇨ $\mathbf{42 \div 6 = 7}$ ($\bigcirc$)

$7 \times 7 = 49$ ⇨ $49 \div 7 = 7$ ($\times$)

$7 \times 8 = 56$ ⇨ $56 \div 8 = 7$ ($\times$)

$7 \times 9 = 63$ ⇨ $63 \div 9 = 7$ ($\times$)

응용 8 (1) (거북이 1분 동안 가는 거리)

= (거북이 3분 동안 가는 거리) $\div 3$

= $12 \div 3 = 4$ (m)

(2) (거북이 20 m를 가는 데 걸리는 시간)

= $20 \div$ (거북이 1분 동안 가는 거리)

= $20 \div 4 = \mathbf{5}$(분)

예제 8-1 해법 순서

① 나무늘보가 1분 동안 가는 거리를 구합니다.

② 나무늘보가 36 m를 가는 데 걸리는 시간을 구합니다.

(나무늘보가 1분 동안 가는 거리)

= $20 \div 5 = 4$ (m)

⇨ (나무늘보가 36 m를 가는 데 걸리는 시간)

= $36 \div 4 = \mathbf{9}$(분)

참고

(나무늘보가 1분 동안 가는 거리)

= (나무늘보가 ■분 동안 간 거리) $\div$ ■

(나무늘보가 ● m를 가는 데 걸리는 시간)

= ● $\div$ (나무늘보가 1분 동안 가는 거리)

예제 8-2 (㉮ 개미가 1분 동안 가는 거리)

= $16 \div 4 = 4$ (m)

(㉯ 개미가 1분 동안 가는 거리)

= $35 \div 7 = 5$ (m)

⇨ 20 m를 가는 데 ㉮ 개미는 $20 \div 4 = 5$(분), ㉯ 개미는 $20 \div 5 = 4$(분) 걸리므로 ㉮ 개미가 **1분** 더 걸립니다.

예제 8-3 20분 = 10분 + 10분

(이 기계가 10분 동안 만들 수 있는 물건 수)

= $16 \div 2 = 8$(개)

1시간 30분 = 60분 + 30분 = 90분

(이 기계가 1시간 30분 동안 만들 수 있는 물건 수)

= $8 \times 9 = \mathbf{72}$(개)

3 STEP 응용 유형 뛰어넘기 70~75쪽

1 3, 6 ; 6 ; 6개 **2** 27

3 1 cm **4** 2장

5 4명 **6** 2

7 예 1 m=100 cm입니다.
  (정사각형을 만드는 데 사용한 철사의 길이)
  =100−68=32 (cm)
  (정사각형의 한 변)=32÷4=8 (cm)
  따라서 만든 정사각형의 한 변은 8 cm입니다.
  ; 8 cm

8 4개 **9** 9개

10 예 어떤 수를 □라 하면 □×3=18,
  18÷3=□, □=6이므로 어떤 수는 6입니다.
  따라서 바르게 계산하면 6÷3=2입니다. ; 2

11 2시간 40분 **12** 48분

13 9팀 **14** 6일

15 예 4장의 수 카드 중에서 2장을 뽑아 □ 안에 넣
  어 봅니다.
  • 3, 4: 2 3 ÷ 4 (×), 2 4 ÷ 3 = 8
  • 3, 7: 2 3 ÷ 7 (×), 2 7 ÷ 3 = 9
  • 3, 8: 2 3 ÷ 8 (×), 2 8 ÷ 3 (×)
  • 4, 7: 2 4 ÷ 7 (×), 2 7 ÷ 4 (×)
  • 4, 8: 2 4 ÷ 8 = 3 , 2 8 ÷ 4 = 7
  • 7, 8: 2 7 ÷ 8 (×), 2 8 ÷ 7 = 4
  따라서 나눗셈의 몫이 가장 크게 될 때의 몫은
  9입니다. ; 9

16 56 **17** 3개

18 15대

---

1 접시 한 개에 몇 개를 놓을 수 있는지 나눗셈식으로
  나타내면 18÷3=□입니다.
  3×6=18이므로 18÷3의 몫은 6입니다.
  따라서 한 접시에 **6개**씩 놓을 수 있습니다.

2 해법 순서
  ① 첫 번째 식에서 ●를 구합니다.
  ② 두 번째 식에서 ■를 구합니다.
  • 21÷7=● ➡ 7×●=21
    7×3=21이므로 ●=3입니다.
  • ■÷●=9에서
    ■÷3=9 ➡ 3×9=■
    3×9=27이므로 ■=**27**입니다.

3 해법 순서
  ① 조각 그림 한 개의 가로를 구합니다.
  ② 조각 그림 한 개의 세로를 구합니다.
  ③ ①과 ②에서 구한 두 길이의 차를 구합니다.

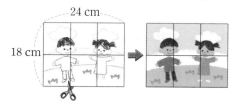

  • 가로: 24 cm를 똑같이 3칸으로 나누면 한 칸의 길
    이는 24÷3=8 (cm)입니다.
  • 세로: 18 cm를 똑같이 2칸으로 나누면 한 칸의 길
    이는 18÷2=9 (cm)입니다.
  ➡ 조각 그림 한 개의 가로와 세로의 차는
    9−8=**1 (cm)**입니다.

4 (한 명이 받게 되는 빨간 색종이 수)
  =28÷4=7(장)
  (한 명이 받게 되는 파란 색종이 수)
  =20÷4=5(장)
  ➡ 한 명이 받게 되는 빨간 색종이는 파란 색종이보
    다 7−5=**2(장)** 더 많습니다.

5 (풍선의 수)=13+13+13−7=32(개)
  ➡ (나누어 줄 수 있는 사람 수)
    =32÷8=**4(명)**

6 생각 열기 정사각형의 네 변의 길이는 모두 같습니다.
  윷놀이 말판은 정사각형 모양이고
  40=10+10+10+10이므로 윷놀이 말판의 한 변
  은 10 cm입니다.
  □는 10 cm를 똑같이 5로 나눈 것이므로
  □=10÷5=**2**입니다.

7 생각 열기 1 m=100 cm임을 이용하여 정사각형을 만
  드는 데 사용한 철사의 길이를 먼저 구합니다.
  서술형 가이드 정사각형을 만드는 데 사용한 철사의 길이
  를 구한 다음 4로 나누는 풀이 과정이 들어 있어야 합니다.

채점 기준	정사각형을 만드는 데 사용한 철사의 길이를 구한 다음 정사각형의 한 변을 바르게 구함.	상
	정사각형을 만드는 데 사용한 철사의 길이를 구했으나 정사각형의 한 변을 구하지 못함.	중
	정사각형을 만드는 데 사용한 철사의 길이를 구하지 못하여 문제를 해결하지 못함.	하

8 생각 열기 곱셈구구에서 곱이 18인 곱셈식을 찾아봅니다.
곱셈구구에서 곱이 18인 곱셈식을 찾으면
$2 \times 9 = 18$, $3 \times 6 = 18$, $6 \times 3 = 18$, $9 \times 2 = 18$입니다.
⇨ $18 \div 2 = 9$, $18 \div 3 = 6$, $18 \div 6 = 3$, $18 \div 9 = 2$이
므로 18을 2, 3, 6, 9씩 묶었을 때 남는 것이 없습
니다.
따라서 ♥가 될 수 있는 수는 모두 **4개**입니다.

9 (정윤이가 산 초콜릿의 수)$= 6 \times 9 = 54$(개)
(먹고 남은 초콜릿의 수)$= 54 - 9 = 45$(개)
⇨ (한 명에게 줄 수 있는 초콜릿의 수)
$= 45 \div 5 = \mathbf{9}$(개)

10 해법 순서
① 어떤 수를 □라 하여 잘못 계산한 식을 세웁니다.
② 어떤 수 □를 구합니다.
③ 바르게 계산한 값을 구합니다.

서술형 가이드 잘못 계산한 식에서 어떤 수를 구한 다음
바르게 계산하는 풀이 과정이 들어 있어야 합니다.

채점 기준	잘못 계산한 식에서 어떤 수를 구한 다음 바르게 계산한 값을 구함.	상
	잘못 계산한 식에서 어떤 수를 구했으나 계산하는 과정에서 실수가 있어 답이 틀림.	중
	어떤 수를 구하는 방법을 몰라 문제를 해결하지 못함.	하

11 생각 열기 1시간$=60$분을 이용하여 몇 분을 몇 시간 몇
분으로 바꿀 수 있습니다.
20분에 9개씩 72개를 접으려면 20분씩
$72 \div 9 = 8$(번) 접어야 합니다.
$20 + 20 + 20 + 20 + 20 + 20 + 20 + 20 = 160$(분)
160분$=60$분$+60$분$+40$분$=2$시간 40분이므로
종이학 72개를 접는 데 걸리는 시간은 **2시간 40분**입
니다.

12 (자른 통나무 도막의 수)$= 21 \div 3 = 7$(도막)
(자른 횟수)$= 7 - 1 = 6$(번)
⇨ 통나무를 모두 자르는 데 걸리는 시간은
$8 \times 6 = \mathbf{48}$(분)입니다.

13 생각 열기 (■인승 경기팀의 선수 수)$= ■ \times$(팀 수)
해법 순서
① 4인승 경기팀의 선수 수를 구합니다.
② 2인승 경기팀의 선수 수를 구합니다.
③ 2인승 경기팀 수를 구합니다.
(4인승 경기팀의 선수 수)$= 4 \times 8 = 32$(명)
(2인승 경기팀의 선수 수)$= 50 - 32 = 18$(명)
(2인승 경기팀의 수)$= 18 \div 2 = \mathbf{9}$(**팀**)
참고 2인승 경기는 썰매에 2명이 타고, 4인승 경기는 썰
매에 4명이 탑니다.

14 (남은 꽃병의 수)$= 70 - 28 = 42$(개)
(하루에 만드는 꽃병의 수)$= 28 \div 4 = 7$(개)
(남은 꽃병을 만드는 데 걸리는 날수)
$= 42 \div 7 = \mathbf{6}$(일)

15 해법 순서
① 4장의 수 카드 중에서 뽑을 수 있는 2장의 수 카드를
알아봅니다.
② ①에서 뽑은 2장의 수 카드의 수를 뽑아 □ 안에 넣어
나눗셈의 몫을 구합니다.
③ ②에서 구한 나눗셈의 몫 중에서 가장 큰 몫을 구합니
다.

서술형 가이드 4장의 수 카드 중에서 2장을 뽑아 □ 안에
넣어 나눗셈을 하는 풀이 과정이 들어 있어야 합니다.

채점 기준	4장의 수 카드 중에서 2장을 뽑아 □ 안에 넣어 각각의 나눗셈을 하고 몫이 가장 클 때의 몫을 구함.	상
	4장의 수 카드 중에서 2장을 뽑아 □ 안에 넣어 각각의 나눗셈을 하였으나 몫이 가장 클 때의 몫을 찾지 못함.	중
	수 카드 중에서 2장을 뽑을 때 모든 경우를 계산하지 못하여 문제를 해결하지 못함.	하

16 몫이 6인 나눗셈식은 $6 \div 1 = 6$, $12 \div 2 = 6$,
$18 \div 3 = 6$, $24 \div 4 = 6$, $30 \div 5 = 6$, $36 \div 6 = 6$,
$42 \div 7 = 6$, $48 \div 8 = 6$, $54 \div 9 = 6$, ……입니다.
이 중에서 나누어지는 수와 나누는 수의 차가 40이
되는 경우는 $48 - 8 = 40$이므로 조건에 알맞은 두 수
는 48과 8입니다.
따라서 두 수의 합은 $48 + 8 = \mathbf{56}$입니다.

17 해법 순서
① 짧은 막대의 길이를 □ cm로 놓고 식을 세웁니다.
② 짧은 막대의 길이와 긴 막대의 길이를 구합니다.
③ 긴 막대를 잘라서 짧은 막대와 길이가 같은 막대를 몇
개 만들 수 있는지 구합니다.
짧은 막대의 길이를 □ cm라 하면 긴 막대의 길이는
(□+8) cm입니다.
□+□+8=16, □+□=8, □=4이므로 짧은 막
대의 길이는 4 cm, 긴 막대의 길이는 4+8=12 (cm)
입니다.
⇨ 길이가 12 cm인 긴 막대를 4 cm씩 자르면 짧은
막대와 길이가 같은 막대를 12÷4=**3(개)** 만들
수 있습니다.
다른 풀이
• 짧은 막대의 길이: 16−8=8 (cm)
　　　　　　　　 → 8÷2=4 (cm)
• 긴 막대의 길이: 16+8=24 (cm)
　　　　　　　　　 → 12+12=24이므로 긴 막대는
　　　　　　　　　　　 12 cm입니다.
⇨ 길이가 12 cm인 긴 막대를 4 cm씩 자르면 짧은 막대와
길이가 같은 막대를 12÷4=**3(개)** 만들 수 있습니다.

18 (승용차 8대의 바퀴 수의 합)=4×8=32(개)
(세발자전거와 두발자전거의 바퀴 수의 합)
=68−32=36(개)
18+18=36이므로
(세발자전거의 바퀴 수의 합)
=(두발자전거의 바퀴 수의 합)=18개입니다.
(세발자전거의 수)=18÷3=6(대)
(두발자전거의 수)=18÷2=9(대)
따라서 세발자전거와 두발자전거는 모두
6+9=**15(대)**입니다.

실력 평가

1 (○) ( )　　　　**2** 3, 3
3 (1) 9　(2) 7　　　　**4** 9
5 ②, ⑤　　　　**6** 7, 3, 21 ; 3, 7, 21
7 (그림)　　　　**8** 4개
9 2곳　　　　**10** 30÷5=6 ; 6모둠
11 <　　　　**12** 9 cm
13 2개　　　　**14** 4
15 예 (현우네 모둠 학생 수)=32÷4=8(명)
　　 (누리네 모둠 학생 수)=27÷3=9(명)
　　 ⇨ 8<9이므로 누리네 모둠 학생 수가 더 많
　　　　습니다. ; 누리네 모둠
16 2, 8
17 예 어떤 수를 □라 하면 □÷2=8
　　 ⇨ 2×8=□, □=16이므로 어떤 수는 16입
　　　　니다.
　　 따라서 바르게 계산한 값은 16÷4=4입니다.
　　 ; 4
18 18개　　　　**19** 56개
20 2권

1 빼는 수 7은 나누는 수가 되고 7을 뺀 횟수 8번은 몫
이 됩니다.
⇨ 56÷7=8
주의 56÷8=7로 나타내지 않도록 주의합니다.
56÷8=7 ⇨ 56−8−8−8−8−8−8−8=0

2 4×3=12 ⇨ 12÷4=**3**

3 (1) 5단 곱셈구구에서 곱이 45가 되는 경우를 찾으면
5×9=45입니다.
⇨ 45÷5=**9**
(2) 4단 곱셈구구에서 곱이 28이 되는 경우를 찾으면
4×7=28입니다.
⇨ 28÷4=**7**

4 2×9=18 ⇨ 18÷2=**9**

5 곱셈식 3×8=24로 두 개의 나눗셈식
24÷3=8, 24÷8=3을 만들 수 있습니다.

6 $\blacksquare \div \bullet = \blacktriangle$ ⟨ $\begin{array}{l} \bullet \times \blacktriangle = \blacksquare \\ \blacktriangle \times \bullet = \blacksquare \end{array}$

7 $3 \times 3 = 9 \Rightarrow 9 \div 3 = 3$
$5 \times 5 = 25 \Rightarrow 25 \div 5 = 5$
$4 \times 4 = 16 \Rightarrow 16 \div 4 = 4$

8 (만들 수 있는 페트병 응원 도구 수)
$= 28 \div 7 = \mathbf{4}$(개)

9 (일주일 동안 먹을 수 있는 식량 창고 수)
$= 14 \div 7 = \mathbf{2}$(곳)

10 생각 열기 (전체 학생 수)÷(한 모둠의 학생 수)=(모둠 수)
서술형 가이드 식 $30 \div 5 = 6$을 쓰고 답을 바르게 구했는지 확인합니다.

채점 기준	식 $30 \div 5 = 6$을 쓰고 답을 바르게 구했음.	상
	식 $30 \div 5$만 썼음.	중
	식을 쓰지 못함.	하

참고 • $30 \div 5$의 몫 구하기
5단 곱셈구구에서 곱이 30이 되는 경우를 찾으면
$5 \times 6 = 30$입니다.
$5 \times 6 = 30 \Rightarrow 30 \div 5 = 6$

11 $35 \div 5 = 7$, $56 \div 7 = 8 \Rightarrow 7 < 8$

12 생각 열기 정사각형은 네 변의 길이가 모두 같습니다.
(정사각형의 한 변)
=(정사각형의 네 변의 길이의 합)÷4
$= 36 \div 4 = \mathbf{9}$ (cm)

13 $63 \div 7 = 9$이므로 몫이 9인 나눗셈을 찾아봅니다.
• $27 \div 3 = 9$ • $49 \div 7 = 7$
• $54 \div 6 = 9$ • $64 \div 8 = 8$
⟹ 몫이 9인 나눗셈은 $27 \div 3$과 $54 \div 6$으로 모두 **2**개 입니다.

14 해법 순서
① 첫 번째 식에서 $\blacksquare$의 값을 구합니다.
② 두 번째 식에서 $\bullet$의 값을 구합니다.
• $72 \div \blacksquare = 9$
⟹ $\blacksquare \times 9 = 72$, $8 \times 9 = 72$이므로 $\blacksquare = 8$입니다.
• $\blacksquare \div \bullet = 2$에서 $\blacksquare = 8$이므로 $8 \div \bullet = 2$입니다.
$8 \div \bullet = 2$
⟹ $\bullet \times 2 = 8$, $4 \times 2 = 8$이므로 $\bullet = 4$입니다.

15 서술형 가이드 나눗셈의 몫을 구하여 두 모둠의 학생 수를 각각 구한 다음 크기를 비교하는 풀이 과정이 들어 있어야 합니다.

채점 기준	두 모둠의 학생 수를 각각 구하고 크기를 바르게 비교하여 누구네 모둠의 학생 수가 더 많은지 바르게 구함.	상
	두 모둠의 학생 수를 바르게 구했으나 크기를 비교하지 못해 누구네 모둠의 학생 수가 더 많은지 구하지 못함.	중
	나눗셈의 몫을 구하는 방법을 몰라 두 모둠의 학생 수를 구하지 못함.	하

16 생각 열기 6단 곱셈구구에서 곱이 4□가 되는 경우를 알아봅니다.
6단 곱셈구구에서 곱의 십의 자리 숫자가 4인 경우는
$6 \times 7 = 42$, $6 \times 8 = 48$입니다.
⟹ $4\boxed{2} \div 6 = 7$, $4\boxed{8} \div 6 = 8$이므로 □ 안에 들어갈 수 있는 수는 **2**, **8**입니다.

17 해법 순서
① 어떤 수를 □라 하여 잘못 계산한 식을 세웁니다.
② 어떤 수 □를 구합니다.
③ 바르게 계산한 값을 구합니다.
서술형 가이드 잘못 계산한 식에서 어떤 수를 구한 다음 바르게 계산하는 풀이 과정이 들어 있어야 합니다.

채점 기준	잘못 계산한 식에서 어떤 수를 구한 다음 바르게 계산한 값을 구함.	상
	잘못 계산한 식에서 어떤 수를 구했으나 바르게 계산하는 과정에서 실수가 있어 답이 틀림.	중
	어떤 수를 구하는 방법을 몰라 문제를 해결하지 못함.	하

18 생각 열기 (길 한쪽에 설치할 가로등 수)=(간격 수)+1
해법 순서
① 길 한쪽의 가로등 사이의 간격 수를 구합니다.
② 길 한쪽에 설치할 가로등 수를 구합니다.
③ 길 양쪽에 설치할 가로등 수를 구합니다.
(길 한쪽의 가로등 사이의 간격 수)
$= 72 \div 9 = 8$(군데)
(길 한쪽에 설치할 가로등 수)
$= 8 + 1 = 9$(개)
⟹ (길 양쪽에 설치할 가로등 수)
$= 9 \times 2 = \mathbf{18}$(개)

19 해법 순서

① ⑦ 기계와 ④ 기계가 1분 동안 만들 수 있는 장난감 수를 각각 구합니다.

② ⑦와 ④ 두 기계가 1분 동안 만들 수 있는 장난감 수를 구합니다.

③ ⑦와 ④ 두 기계가 7분 동안 만들 수 있는 장난감 수를 구합니다.

(⑦ 기계가 1분 동안 만들 수 있는 장난감 수)
=20÷4=5(개)

(④ 기계가 1분 동안 만들 수 있는 장난감 수)
=9÷3=3(개)

(두 기계가 1분 동안 만들 수 있는 장난감 수)
=5+3=8(개)

⇨ (두 기계가 7분 동안 만들 수 있는 장난감 수)
=8×7=**56(개)**

다른 풀이

(⑦ 기계가 1분 동안 만들 수 있는 장난감 수)
=20÷4=5(개)

(⑦ 기계가 7분 동안 만들 수 있는 장난감 수)
=5×7=35(개)

(④ 기계가 1분 동안 만들 수 있는 장난감 수)
=9÷3=3(개)

(④ 기계가 7분 동안 만들 수 있는 장난감 수)
=3×7=21(개)

⇨ (두 기계가 7분 동안 만들 수 있는 장난감 수)
=35+21=56(개)

20 해법 순서

① 선생님이 가지고 있던 공책 수를 구합니다.

② 한 모둠에게 나누어 준 공책 수를 구합니다.

③ 한 명이 가지는 공책 수를 구합니다.

선생님이 가지고 있던 공책은 7권씩 5묶음과 낱개로 5권이므로 7×5=35, 35+5=40(권)입니다.

40권을 5모둠에게 똑같이 나누어 주면

(한 모둠이 가지는 공책 수)
=40÷5=8(권)

한 모둠의 학생 4명이 똑같이 나누어 가지면

(한 명이 가지는 공책 수)
=8÷4=**2(권)**

주의 선생님이 가지고 있던 공책 수를 구할 때 낱개 5권을 더하지 않고 7×5=35(권)으로만 생각하지 않도록 주의합니다.

창의 **사고력** 〔 80쪽 〕

❶ 7개

❷ 4, 6

❶ 해법 순서

① 시계를 보고 딱지와 제기를 만드는 데 걸린 시간을 구합니다.

② ①의 시간은 5분의 몇 배인지 알아봅니다.

③ 두 사람이 5분 동안 만든 딱지와 제기는 모두 몇 개인지 구합니다.

1시 45분 $\xrightarrow{15분}$ 2시 $\xrightarrow{20분}$ 2시 20분

(딱지와 제기를 만드는 데 걸린 시간)
=15+20=35(분)

35분은 5분의 35÷5=7(배)이므로

(5분 동안 만든 딱지 수)=28÷7=4(개),

(5분 동안 만든 제기 수)=21÷7=3(개)입니다.

⇨ (5분 동안 만든 딱지와 제기 수의 합)
=4+3=**7(개)**

다른 풀이

(35분 동안 만든 딱지와 제기 수의 합)
=28+21=49(개)

35분은 5분의 35÷5=7(배)이므로

(5분 동안 만든 딱지와 제기 수의 합)
=49÷7=7(개)

❷ 해법 순서

① 첫 번째 식에서 ●를 구합니다.

② 두 번째, 세 번째 식에서 ♥를 구합니다.

• ●+●+●+●+●=◆+◆에서
◆=10이므로 ◆+◆=10+10=20,
●+●+●+●+●=20, 20÷5=4,
●=**4**입니다.

• ●+●>♥에서 ●=4이므로 4+4>♥, 8>♥ 입니다.

• ◆<♥+♥에서 ◆=10이므로 10<♥+♥, 5<♥입니다.

⇨ 5<♥, ♥<8이고 ♥는 짝수이므로 범위에 알맞은 ♥의 값을 찾으면 ♥=**6**입니다.

4. 곱셈

STEP 1 기본 유형 익히기

84~87쪽

1-1 (1) 70 (2) 60 　　**1-2** 4, 40

1-3 　　**1-4** 20, 80

　　　　　　　　　　1-5 90개

2-1 ④ 　　**2-2** 40×2=80 ; 80

2-3 66, 62 　　**2-4** 48 m

3-1 5, 305 　　**3-2** 148

3-3 < 　　**3-4** 8

3-5 32×4=128 ; 128 cm

4-1 13×4=52에 ◯표

4-2 95 　　**4-3** ②

4-4 60분 　　**4-5** 84쪽

5-1 114 　　**5-2** 6, 216

5-3 120개 　　**5-4** ㉠

5-5 예 일의 자리에서 올림한 수를 십의 자리 계산에 더하지 않았습니다.

1-1 생각 열기 (몇십)×(몇)은 (몇)×(몇)의 계산 결과 뒤에 0을 한 개 붙입니다.

(1) 10×7=**70**
　　1×7=7

(2) 30×2=**60**
　　3×2=6

1-2 달걀이 10개씩 4묶음이므로 10×4를 계산합니다.

⇨ 10×4=**40**
　　1×4=4

1-3 20×3=60 　　30×3=90
　　2×3=6 　　　3×3=9

40×2=80
4×2=8

1-4 10×2=**20** 　　20×4=**80**
　　1×2=2 　　　2×4=8

1-5 (필요한 조랭이 떡의 수)
= (한 그릇에 넣는 조랭이 떡의 수)×(그릇 수)
= 30×3=**90**(개)

2-1 생각 열기
●의 ▲배
●와 ▲의 곱　⇨　●×▲
●씩 ▲묶음

①, ②, ③, ⑤는 34×2를 나타내고
④는 34+2를 나타냅니다.

2-2
```
    4 3
  ×   2
 ─────────
      6 … 3×2
    8 0 … 40×2
 ─────────
    8 6
```

곱에서 숫자 8은 십의 자리 숫자이므로 80을 나타 냅니다.

서술형 가이드 각 자리 숫자가 나타내는 수가 얼마인지 를 알고 있는지 확인합니다.

채점기준		
식 40×2=80을 쓰고 답을 바르게 구함.	상
식 40×2만 썼음.	중
식을 쓰지 못함.	하

참고

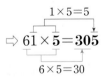
빨간색 숫자 6은 3×2=6을 나타냅니다.
파란색 숫자 8은 40×2=80을 나타냅니다.

2-3 생각 열기 두 수를 바꾸어 곱해도 곱은 같으므로 2×31 을 31×2로 계산하면 편리합니다.

```
    2 2        3 1
  ×   3      ×   2
 ──────      ──────
    6 6   ,    6 2
```

2-4 생각 열기 정사각형은 네 변의 길이가 모두 같은 사각 형입니다.
정사각형은 네 변의 길이가 모두 같으므로
네 변의 길이의 합은
12+12+12+12=12×4=**48 (m)**입니다.

3-1 61을 5번 더한 것이므로 61×5와 같습니다.

⇨ 61×5=**305**
　　6×5=30
　　1×5=5

참고 ●를 ▲번 더한 것은 곱셈 ●×▲로 나타낼 수 있습 니다.

3-2
$$\begin{array}{r} 7\,4 \\ \times\quad 2 \\ \hline 1\,4\,8 \end{array}$$

3-3
$$\begin{array}{r} 4\,3 \\ \times\quad 3 \\ \hline 1\,2\,9 \end{array} < \begin{array}{r} 3\,1 \\ \times\quad 6 \\ \hline 1\,8\,6 \end{array}$$

3-4 [생각 열기] 일의 자리와 십의 자리로 나누어 생각해 봅니다.

일의 자리: $3 \times 2 = 6$

십의 자리: 지워진 수를 □라고 하면

$$□ \times 2 = 16 에서 □ = 8입니다.$$

3-5 (창현이의 4걸음의 길이)

= (창현이의 한 걸음의 길이) × (걸음 수)

$= 32 \times 4 = 128$ (cm)

[서술형 가이드] 십의 자리에서 올림이 있는 (몇십몇) × (몇)을 계산할 수 있는지 알아봅니다.

채점기준		
식 $32 \times 4 = 128$을 쓰고 답을 바르게 구함.		상
식 32×4만 썼음.		중
식을 쓰지 못함.		하

4-1 [생각 열기] 모눈종이를 13칸씩 4줄 색칠했습니다.

$$\begin{array}{r} \overset{1}{} \\ 1\,3 \\ \times\quad 4 \\ \hline 5\,2 \end{array}$$

① $3 \times 4 = 12$이므로 십의 자리 위에 올림하는 수 1을 작게 쓰고 일의 자리에 2를 씁니다.

② $1 \times 4 = 4$이므로 올림한 수 1을 더하여 십의 자리에 5를 씁니다.

4-2
$$\begin{array}{r} \overset{4}{} \\ 1\,9 \\ \times\quad 5 \\ \hline \mathbf{9\,5} \end{array}$$

4-3
① $\begin{array}{r} \overset{1}{} \\ 1\,2 \\ \times\quad 8 \\ \hline 9\,6 \end{array}$ ② $\begin{array}{r} \overset{2}{} \\ 1\,4 \\ \times\quad 5 \\ \hline 7\,0 \end{array}$ ③ $\begin{array}{r} 3\,2 \\ \times\quad 3 \\ \hline 9\,6 \end{array}$

④ $\begin{array}{r} \overset{2}{} \\ 2\,9 \\ \times\quad 3 \\ \hline 8\,7 \end{array}$ ⑤ $\begin{array}{r} \overset{3}{} \\ 1\,7 \\ \times\quad 5 \\ \hline 8\,5 \end{array}$

따라서 곱이 80보다 작은 것은 ② 70입니다.

4-4 (4일 동안 스트레칭하는 시간)

= (매일 스트레칭하는 시간) × (날수)

$= 15 \times 4 = \mathbf{60}$(분)

4-5 (3일 동안 읽은 동화책 쪽수)

= (하루에 읽은 동화책 쪽수) × (날수)

$= 28 \times 3 = \mathbf{84}$(쪽)

5-1
$$\begin{array}{r} \overset{1}{} \\ 5\,7 \\ \times\quad 2 \\ \hline 1\,1\,4 \end{array}$$

5-2 귤이 36개씩 6상자이므로 $36 \times 6 = \mathbf{216}$(개)입니다.

5-3 (5상자에 들어 있는 크레파스의 수)

= (한 상자에 들어 있는 크레파스의 수) × (상자 수)

$= 24 \times 5 = \mathbf{120}$(개)

5-4 ㉠ $\begin{array}{r} \overset{4}{} \\ 3\,9 \\ \times\quad 5 \\ \hline 1\,9\,5 \end{array}$ ㉡ $\begin{array}{r} \overset{1}{} \\ 4\,5 \\ \times\quad 3 \\ \hline 1\,3\,5 \end{array}$

➡ $195 > 135$이므로 곱이 더 큰 것은 ㉠입니다.

5-5 바른 계산:
$$\begin{array}{r} \overset{1}{} \\ 5\,6 \\ \times\quad 3 \\ \hline 1\,6\,8 \end{array}$$

[서술형 가이드] 일의 자리에서 올림한 수를 십의 자리 계산에 더하지 않았다는 내용이 들어 있어야 합니다.

채점기준		
일의 자리에서 올림한 수를 십의 자리 계산에 더하지 않았다고 설명함.		상
올림한 수를 십의 자리 계산에 더하지 않은 것은 알고 있지만 설명이 부족함.		중
곱셈 방법을 몰라 틀린 이유를 설명하지 못함.		하

응용 유형 익히기

88~93쪽

응용 1 266

예제 1-1 378   **예제 1-2** 288

예제 1-3 768

응용 2 108개

예제 2-1 195명   **예제 2-2** 184개

응용 3 3, 4

예제 3-1 (1)

$$
\begin{array}{r}
5\;8 \\
\times \quad 3 \\
\hline
1\;7\;4
\end{array}
$$

(2)

$$
\begin{array}{r}
7\;4 \\
\times \quad 4 \\
\hline
2\;9\;6
\end{array}
$$

예제 3-2 15

응용 4 120개

예제 4-1 204권   **예제 4-2** 588자루

예제 4-3 273봉지

응용 5 1, 2, 3

예제 5-1 7, 8, 9   **예제 5-2** 2개

응용 6 455

예제 6-1 424   **예제 6-2** 531

응용 1 (1) 어떤 수를 □라 하면 □÷7=38입니다.
    (2) □÷7=38 ⇨ □=38×7=**266**

예제 1-1 어떤 수를 □라 하면 □÷9=42입니다.
    ⇨ □=42×9=**378**

예제 1-2 어떤 수를 □라 하면 □÷4=72입니다.
    ⇨ □=72×4=**288**

예제 1-3 **해법 순서**
    ① 어떤 수를 □라 하고 나눗셈식을 만듭니다.
    ② 어떤 수를 구합니다.
    ③ 바르게 계산한 값을 구합니다.
    어떤 수를 □라 하면 □÷8=12입니다.
    ⇨ □=12×8=96
    따라서 바르게 계산하면 96×8=**768**입니다.
    주의 어떤 수를 구하는 것이 아니라 바르게 계산한 값을 구해야 합니다.

응용 2 (1) (지혜가 가지고 있는 구슬 수)
       =16×3=48(개)
      (병호가 가지고 있는 구슬 수)
       =15×4=60(개)
    (2) (두 사람이 가지고 있는 구슬 수)
       =48+60=**108(개)**

예제 2-1 (버스에 탈 수 있는 사람 수)
      =45×3=135(명)
    (승합차에 탈 수 있는 사람 수)
      =12×5=60(명)
    ⇨ (버스와 승합차에 탈 수 있는 사람 수)
      =135+60=**195(명)**

예제 2-2 (사과의 수)=18×4=72(개)
    (귤의 수)=35×2=70(개)
    (배의 수)=14×3=42(개)
    ⇨ (상자에 있는 사과, 귤, 배의 수)
      =72+70+42=**184(개)**

응용 3 (1) 일의 자리 계산에서
      1×ⓛ=4, ⓛ=**4**입니다.
    (2) ⓛ=4이므로
      ㉠×4=12, ㉠=12÷4, ㉠=**3**입니다.

예제 3-1 (1)

$$
\begin{array}{r}
㉠\;8 \\
\times \quad ⓛ \\
\hline
1\;7\;4
\end{array}
$$

    8×ⓛ의 일의 자리가 4가 되는 경우는
    ⓛ=3 또는 ⓛ=8일 때입니다.
    • ⓛ=**3**일 때,
      8×3=24이므로 십의 자리에 올림하는
      수 2를 더하면 ㉠×3+2=17입니다.
      ⇨ ㉠=**5** (○)
    • ⓛ=**8**일 때,
      8×8=64이므로 십의 자리에 올림하는
      수 6을 더하면 ㉠×8+6=17입니다.
      ⇨ ㉠을 구할 수 없습니다.

    (2)

$$
\begin{array}{r}
㉠\;4 \\
\times \quad ⓛ \\
\hline
2\;9\;6
\end{array}
$$

    4×ⓛ의 일의 자리가 6이 되는 경우는
    ⓛ=4 또는 ⓛ=9일 때입니다.
    • ⓛ=**4**일 때,
      4×4=16이므로 십의 자리에 올림하는
      수 1을 더하면 ㉠×4+1=29입니다.
      ⇨ ㉠=**7** (○)
    • ⓛ=**9**일 때,
      4×9=36이므로 십의 자리에 올림하는
      수 3을 더하면 ㉠×9+3=29입니다.
      ⇨ ㉠을 구할 수 없습니다.

예제 3-2 일의 자리 계산에서 ⊙×7=■2이므로
⊙=6입니다.
⇨ 26×7=182이므로 ⓒ=1, ⓒ=8입니다.
따라서 ⊙+ⓒ+ⓒ=6+1+8=**15**입니다.

응용 4 (1) 5×4=**20**(개)
(2) 20×6=**120**(개)

예제 4-1 (책꽂이 1개에 꽂을 수 있는 책 수)
=(한 칸에 꽂을 수 있는 책 수)×(칸 수)
=17×4=68(권)
⇨ (책꽂이 3개에 꽂을 수 있는 책 수)
=(책꽂이 1개에 꽂을 수 있는 책 수)
×(책꽂이 수)
=68×3=**204**(권)

예제 4-2 (한 상자에 들어 있는 연필 수)
=12×7=84(자루)
(7상자에 들어 있는 연필 수)
=84×7=**588**(자루)

예제 4-3 (한 상자에 들어 있는 라면 수)
=4×12=12×4=48(봉지)
(6상자에 들어 있는 라면 수)
=48×6=288(봉지)
⇨ (남은 라면 수)
=288-15=**273**(봉지)

응용 5 (1)
$$\begin{array}{r} \overset{2}{2}\,5 \\ \times\quad 4 \\ \hline 1\,0\,0 \end{array}$$

(2) □ 안에 1부터 수를 차례로 넣어 봅니다.
27×1=27 ⓒ 100, 27×2=54 ⓒ 100,
27×3=81 ⓒ 100, 27×4=108 ⓒ 100,
……
⇨ □ 안에 들어갈 수 있는 수는 **1, 2, 3**입니다.

예제 5-1 42×9=378이고, □ 안에 9부터 수를 차례로 넣어 봅니다.
55×9=495 ⓒ 378, 55×8=440 ⓒ 378,
55×7=385 ⓒ 378, 55×6=330 ⓒ 378,
……
⇨ □ 안에 들어갈 수 있는 수는 **7, 8, 9**입니다.

예제 5-2 26×3=78, 23×5=115입니다.
78<17×□<115에서
17×4=68, 17×5=85,
17×6=102, 17×7=119이므로
□ 안에 들어갈 수 있는 수는 5, 6으로 모두 **2개**입니다.

응용 6 (1) 가장 큰 수 7을 뺀 나머지 수로 곱해지는 수를 만들어야 합니다. 따라서 곱해지는 수가 65일 때 곱이 가장 큽니다. ⇨ 65×7=455
(2) 75×6=450, 76×5=380이므로 곱이 가장 큰 곱셈식은 75×6=450입니다.
(3) (1), (2)의 결과를 보면 곱이 가장 큰 경우는 65×7=**455**입니다.

참고 (몇십몇)×(몇)의 값이 가장 크기 위해서는 가장 큰 수를 곱하는 수로 하고 나머지 수로 가장 큰 몇십몇을 만듭니다.

예제 6-1 **생각 열기** 곱해지는 수나 곱하는 수가 클수록 곱도 커집니다.
곱하는 수에는 가장 큰 수인 8을 놓고 곱해지는 수에는 남은 수로 만들 수 있는 가장 큰 몇십몇인 53을 놓습니다.
⇨ 53×8=**424**

예제 6-2 **생각 열기** 가장 큰 곱은 곱하는 수가 가장 클 때이고, 가장 작은 곱은 곱하는 수가 가장 작을 때입니다.
• 곱이 가장 큰 경우
곱하는 수에는 가장 큰 수인 9를 놓고 곱해지는 수에는 남은 수로 만들 수 있는 가장 큰 몇십몇인 63을 놓습니다.
⇨ 63×9=567
• 곱이 가장 작은 경우
곱하는 수에는 가장 작은 수인 1을 놓고 곱해지는 수에는 남은 수로 만들 수 있는 가장 작은 몇십몇인 36을 놓습니다.
⇨ 36×1=36
따라서 가장 큰 곱과 가장 작은 곱의 차는
567-36=**531**입니다.

참고
• 수 카드로 (몇십몇)×(몇) 만들기
수 카드에서 수의 크기가
④ > ③ > ② > ① 일 때
(1) 곱이 가장 큰 경우: ③②×④
└ 가장 큰 수
└ 남은 수 카드로 만들 수 있는 가장 큰 수
(2) 곱이 가장 작은 경우: ②③×①
└ 가장 작은 수
└ 남은 수 카드로 만들 수 있는 가장 작은 수
단, ① = 0 이면 ③①×②

3 STEP 응용 유형 뛰어넘기   94~99쪽

1 96송이
2 ( )( )(○)
3 3
4 지호, 13개
5 240가구
6 623
7

$$
\begin{array}{r}
\boxed{7}\ 2 \\
\times\quad\ \boxed{2} \\
\hline
1\ 4\ 4
\end{array}
$$

8 ⑩ 윤후네 학교 3학년 전체 학생 수는
  $22 \times 4 = 88$(명)입니다.
  따라서 필요한 공책은 모두 $88 \times 7 = 616$(권)입
  니다. ; 616권

9 240 cm
10 4개
11 ⑩ 25점짜리 3번: $25 \times 3 = 75$(점)
  15점짜리 5번: $15 \times 5 = 75$(점)
  따라서 얻은 점수는 $75 + 75 = 150$(점)입니다.
  ; 150점

12 294개
13 $74 \times 8 = 592$, $47 \times 2 = 94$
14 348
15 160
16 ⑩ (준수의 나이) = (민아의 나이) + 3
            = 10 + 3 = 13(살)
  (어머니의 나이) = (준수의 나이) × 3
            = 13 × 3 = 39(살)
  (아버지의 나이) = (민아의 나이) × 4
            = 10 × 4 = 40(살)
  따라서 가족의 나이를 모두 더하면
  $10 + 13 + 39 + 40 = 102$(살)입니다.
  ; 102살

17 116 cm
18 78개

---

1 세 가지 꽃 모두 32송이씩 피었으므로
  야생화는 모두 $32 \times 3 = \mathbf{96}$(송이) 피었습니다.

2

$$
\begin{array}{r}
{}^{2}\ \ \\
2\ 7 \\
\times\quad 4 \\
\hline
1\ 0\ 8
\end{array}
\quad
\begin{array}{r}
{}^{4}\ \ \\
1\ 8 \\
\times\quad 6 \\
\hline
1\ 0\ 8
\end{array}
\quad
\begin{array}{r}
4\ 2 \\
\times\quad 3 \\
\hline
1\ 2\ 6
\end{array}
$$

  ⇨ 계산 결과가 다른 것은 42×3입니다.

3 □ 안에 1부터 차례로 넣어 봅니다.
  $59 \times 1 = 59$, $59 \times 2 = 118$, $59 \times 3 = 177$,
  $59 \times 4 = 236$, ……이고 이 중에서 200에 가장 가까
  운 수는 177입니다.
  따라서 □ 안에 알맞은 수는 **3**입니다.

4 생각 열기 23개씩 6묶음은 (23×6)개이고 19개씩 7묶음
  은 (19×7)개입니다.
  지호가 접은 종이학은 $23 \times 6 = 138$(개)이고,
  명훈이가 접은 종이학은 $19 \times 7 = 133$이므로
  $133 - 8 = 125$(개)입니다.
  따라서 $138 > 125$이므로 **지호**가 $138 - 125 = \mathbf{13}$(개)
  더 많이 접었습니다.

  참고 ■씩 ▲묶음 ⇨ ■ × ▲

5 해법 순서
  ① 한 동에 살고 있는 가구 수를 구합니다.
  ② 주현이네 아파트에 살고 있는 전체 가구 수를 구합니다.
  (한 동에 살고 있는 가구 수)
  = (한 층의 가구 수) × (층 수)
  = $8 \times 6 = 48$(가구)
  ⇨ (전체 가구 수)
    = (한 동에 살고 있는 가구 수) × (동 수)
    = $48 \times 5 = \mathbf{240}$(가구)

6 어떤 수를 □라 하면 □ + 7 = 96입니다.
  ⇨ □ = 96 - 7 = 89
  따라서 바르게 계산하면 $89 \times 7 = \mathbf{623}$입니다.

7 해법 순서
  ① 곱하는 수가 될 수 있는 수를 모두 구합니다.
  ② ①에서 구한 수를 차례로 넣어 곱해지는 수의 십의 자
    리가 될 수 있는 수를 구합니다.

$$
\begin{array}{r}
\boxed{\unicode{x3008}}\ 2 \\
\times\quad \boxed{\unicode{x3009}} \\
\hline
1\ 4\ 4
\end{array}
$$

  $2 \times \unicode{x3009}$의 일의 자리가 4가 되는 경우는
  $\unicode{x3009} = 2$ 또는 $\unicode{x3009} = 7$일 때입니다.
  • $\unicode{x3009} = 2$일 때,
    $2 \times 2 = 4$이므로 $\unicode{x3008} \times 2 = 14$입니다.
    ⇨ $\unicode{x3008} = 7$ (○)
  • $\unicode{x3009} = 7$일 때,
    $2 \times 7 = 14$이므로 십의 자리에 올림하는 수 1을
    더하면 $\unicode{x3008} \times 7 + 1 = 14$입니다.
    ⇨ $\unicode{x3008}$을 구할 수 없습니다.
  따라서 $\unicode{x3008} = \mathbf{7}$, $\unicode{x3009} = \mathbf{2}$입니다.

  주의 십의 자리 계산을 할 때 일의 자리에서 올림한 수를
  더해야 함에 주의합니다.

8 (전체 학생 수)
　＝(한 반의 학생 수)×(반의 수)
　＝22×4＝88(명)
　(필요한 공책 수)
　＝(한 명에게 나누어 줄 공책 수)×(학생 수)
　＝7×88＝88×7＝616(권)
　서술형 가이드 전체 학생 수를 구한 다음 필요한 공책 수를 구하는 풀이 과정이 들어 있어야 합니다.

채점 기준	전체 학생 수를 구한 다음 필요한 공책 수를 바르게 구함.	상
	전체 학생 수와 필요한 공책 수를 구하는 방법은 알았지만 계산 과정에서 실수하여 답이 틀림.	중
	곱셈식을 세우지 못하여 풀이 과정과 답이 모두 틀림.	하

9 (길이가 40 cm인 색 테이프 9장의 길이)
　＝40×9＝360 (cm)
　겹친 부분은 9－1＝8(군데)이므로
　(겹친 부분의 길이의 합)＝15×8＝120 (cm)
　따라서 이어 붙인 색 테이프 전체의 길이는
　360－120＝**240 (cm)**입니다.

10 **해법 순서**
　① 37×8을 계산합니다.
　② □ 안에 9부터 수를 차례로 넣어 봅니다.
　③ □ 안에 들어갈 수 있는 수가 몇 개인지 구합니다.
　37×8＝296이고, □ 안에 9부터 수를 차례로 넣어 봅니다.
　54×9＝486 ⊳ 296, 54×8＝432 ⊳ 296,
　54×7＝378 ⊳ 296, 54×6＝324 ⊳ 296,
　54×5＝270 ⊲ 296, ……
　따라서 □ 안에 들어갈 수 있는 수는 6, 7, 8, 9로
　모두 **4개**입니다.

11 **서술형 가이드** 25점짜리와 15점짜리의 점수의 합을 구하는 풀이 과정이 들어 있어야 합니다.

채점 기준	25점짜리와 15점짜리 점수의 합을 바르게 구함.	상
	25점짜리와 15점짜리 점수를 구하는 방법은 알았지만 계산 과정에서 실수하여 답이 틀림.	중
	곱셈식을 세우지 못하여 풀이 과정과 답이 모두 틀림.	하

12 (잠자리 17마리의 다리 수)
　＝6×17＝17×6＝102(개)
　(거미 한 마리의 다리 수)＝6＋2＝8(개)
　(거미 24마리의 다리 수)
　＝8×24＝24×8＝192(개)
　⇨ 102＋192＝**294(개)**

13 **생각 열기** ・(몇십몇)×(몇)의 곱을 가장 크게 하려면 곱하는 수를 가장 크게 합니다.
・(몇십몇)×(몇)의 곱을 가장 작게 하려면 곱하는 수를 가장 작게 합니다.
　8＞7＞4＞2이므로
　| 　 | 　 | 　 |
　① 　② 　③ 　④
　곱이 가장 큰 경우: **7 4×8＝592**
　　　　　　　　　② ③　①
　곱이 가장 작은 경우: **4 7×2＝94**
　　　　　　　　　　③ ②　④

14 **해법 순서**
　① ㉻를 구합니다.
　② ㉮를 구합니다.
　③ ㉮＋㉯＋㉰를 구합니다.
　㉯＝㉰×7＝12×7＝84
　㉮＝㉯×3＝84×3＝252
　⇨ ㉮＋㉯＋㉰＝252＋84＋12＝**348**

15 1×2＝2, 2×2＝4, 4×2＝8, 8×2＝16이므로 바로 앞의 수에 2를 곱한 값을 쓰는 규칙입니다.
　따라서 ㉠＝16×2＝32, ㉡＝64×2＝128이므로
　㉠＋㉡＝32＋128＝**160**입니다.

16 **서술형 가이드** 준수, 어머니, 아버지의 나이를 구한 다음 가족의 나이의 합을 구하는 풀이 과정이 들어 있어야 합니다.

채점 기준	준수, 어머니, 아버지의 나이를 구한 다음 가족의 나이의 합을 바르게 구함.	상
	준수, 어머니, 아버지의 나이를 구하는 방법은 알았지만 계산 과정에서 실수하여 답이 틀림.	중
	준수, 어머니, 아버지의 나이를 구하지 못하여 풀이 과정과 답이 모두 틀림.	하

17 **생각 열기** 길이가 같은 색 테이프가 몇 군데씩 있는지 알아봅니다.
　선물 상자를 감은 색 테이프는 16 cm인 부분이 2군데, 20 cm인 부분이 2군데, 11 cm인 부분이 4군데입니다.
　16 cm인 부분 2군데: 16×2＝32 (cm)
　20 cm인 부분 2군데: 20×2＝40 (cm)
　11 cm인 부분 4군데: 11×4＝44 (cm)
　⇨ (필요한 색 테이프의 길이)
　　＝32＋40＋44＝**116 (cm)**

꼼꼼 풀이집

18 사탕 수를 ㉠㉡개라고 하면 ㉡㉠×4=248입니다.

```
  ㉡ ㉠
×     4
─────────
  2 4 8
```

㉠×4의 일의 자리가 8이 되는 경우는
㉠=2 또는 ㉠=7일 때입니다.

· ㉠=2일 때,
  2×4=8이므로 ㉡×4=24입니다.
  ⇨ ㉡=6 (○)

· ㉠=7일 때,
  7×4=28이므로 십의 자리에 올림하는 수 2를
  더하면 ㉡×4+2=24입니다.
  ⇨ ㉡을 구할 수 없습니다.

따라서 안나가 가지고 있는 사탕 수는 26개이므로
구슬 수는 26×3=**78(개)**입니다.

실력 평가 $\quad$ **100~103쪽**

1 (1) 420 $\quad$ (2) 64 $\qquad$ **2** 3, 72

3 306

4 (선을 연결하는 그림)

5 ④ $\qquad$ **6** 46, 138

7 ⑩ 십의 자리 계산은 10×7=70이므로 숫자 7을
  십의 자리에 써야 합니다.

8 단우 $\qquad$ **9** 150원

10 120 cm $\qquad$ **11** 35개

12 93개 $\qquad$ **13** 134개

14 ⑩ 학생들에게 나누어 준 공책은 27×3=81(권)
  입니다. 따라서 처음에 준비한 공책은
  81+5=86(권)입니다.
  ; 86권

15 ㉣, ㉡, ㉠, ㉢ $\qquad$ **16**
```
    ⑥ 3
×     ④
───────
  2 5 2
```

17 ⑩ 어떤 수를 □라 하면 □÷6=13입니다.
  □=13×6=78이므로 어떤 수는 78입니다.
  따라서 바르게 계산하면 78×6=468입니다.
  ; 468

18 7 $\qquad$ **19** 512

20 6개

1 (1)
```
    6 0
×     7
───────
  4 2 0
```
(2)
```
    3 2
×     2
───────
    6 4
```

2 일 모형은 4개씩 3묶음이므로 4×3=12(개)이고,
십 모형은 2개씩 3묶음이므로 2×3=6(개)입니다.
일 모형 12개는 십 모형 1개와 일 모형 2개와 같습니
다.
따라서 십 모형은 6+1=7(개)이고 일 모형은 2개이
므로 모두 **72**입니다.

3 생각 열기 ■×▲=▲×■
```
    5 1
×     6
───────
  3 0 6
```

4
```
    2 4        3 0        4 3
×     2     ×     4     ×     3
─────────   ─────────   ─────────
    4 8  ,   1 2 0  ,   1 2 9
```

5 ④
```
      1
    1 3
×     5
───────
    6 5
```
━ 3×5=15이므로 십의 자리 위에
  올림한 수 1을 작게 씁니다.

━ 1×5=5이므로 올림한 수 1을 더하여
  십의 자리에 맞추어 6을 씁니다.

참고
```
① 4 0    ② 2 1    ③ 7 0    ⑤   1
  ×   6    ×   4    ×   7      1 2
  ─────    ─────    ─────    ×   8
  2 4 0      8 4    4 9 0    ─────
                              9 6
```

6
```
    2 3          1→ 4 6
×     2        ×     3
───────        ───────
    4 6          1 3 8
```

주의 46×3에서 십의 자리 계산을 할 때 일의 자리에서
올림한 수를 잊지 말고 더해야 합니다.

7 바른 계산:
```
    1 5
×     7
───────
    3 5
    7 0
───────
  1 0 5
```

서술형 가이드 계산이 틀린 이유를 바르게 썼는지 확인합
니다.

채점기준		
계산이 틀린 이유를 바르게 씀.	상
계산이 틀린 이유는 알고 있으나 설명이 미흡함.	중
틀린 이유를 쓰지 못함.	하

8 단우:　　 4 2　　　정은:　　 5 4
　　　　　　×　 4　　　　　　　×　 3
　　　　　 1 6 8　　　　　　 1 6 2

따라서 168＞162이므로 계산 결과가 더 큰 곱셈을
들고 있는 사람은 **단우**입니다.

9 (주머니에 들어 있는 동전)
＝50×3＝**150(원)**

참고 (몇십)×(몇)은 (몇)×(몇)의 계산 결과 뒤에 0을 한
개 붙입니다.

10 해법 순서
① 호수 둘레의 나무 사이의 간격 수를 구합니다.
② 호수의 둘레를 구합니다.
간격 수는 나무 수와 같으므로 8군데입니다.
　⇨ (호수의 둘레)
　　　＝(나무 사이의 간격)×(간격 수)
　　　＝15×8＝**120 (cm)**

참고 둥근 모양의 호수 둘레에 같은 간격으로 나무를 만들어
세우면 나무 수와 나무 사이의 간격 수는 같습니다.

　⇨ 나무 수: 8그루
　　 간격 수: 8군데

11 해법 순서
① 지혜가 가진 구슬 수를 구합니다.
② 연우가 가진 구슬 수를 구합니다.
(지혜가 가진 구슬 수)
＝10×3＝30(개)
⇨ (연우가 가진 구슬 수)
　＝(지혜가 가진 구슬 수)＋5
　＝30＋5＝**35(개)**

12 해법 순서
① 처음에 있던 토마토 수를 구합니다.
② 팔고 남은 토마토 수를 구합니다.
(처음에 있던 토마토 수)
＝16×8＝128(개)
⇨ (남은 토마토 수)
　＝128－35＝**93(개)**

13 해법 순서
① 여학생과 남학생이 접은 종이비행기 수를 각각 구합니다.
② ①에서 구한 두 수를 더합니다.
(여학생이 접은 종이비행기 수)
＝14×5＝70(개)
(남학생이 접은 종이비행기 수)
＝16×4＝64(개)
⇨ 70＋64＝**134(개)**

14 공책을 나누어 준 후 5권이 남았으므로 준비한 공책
수는 나누어 준 공책 수보다 5권 더 많습니다.
서술형 가이드 학생들에게 나누어 준 공책의 수를 구한
다음 처음에 준비한 공책의 수를 구하는 과정이 들어 있
어야 합니다.

채점 기준	학생들에게 나누어 준 공책의 수를 구한 다음 처음에 준비한 공책의 수를 바르게 구함.	상
	학생들에게 나누어 준 공책의 수를 구하는 방법은 알았지만 계산 과정에서 실수하여 답이 틀림.	중
	학생들에게 나누어 준 공책의 수를 구하지 못하여 풀이 과정과 답이 모두 틀림.	하

15 ㉠　　 6 1　　　㉡　　 3 1
　　　　×　 3　　　　　 ×　 7
　　　 1 8 3　　　　　 2 1 7

　㉢　　 5 4　　　㉣　　 4 1
　　　×　 2　　　　　 ×　 6
　　 1 0 8　　　　　 2 4 6

⇨ 246＞217＞183＞108
　　㉣　　㉡　　㉠　　㉢

16 해법 순서
① 3과 곱해서 일의 자리가 2인 수를 구합니다.
② ①에서 구한 수를 곱하는 수에 넣어 곱해지는 수의 십
의 자리가 될 수 있는 수를 구합니다.

　　　 ㉠ 3
　 ×　　 ㉡
　　 2 5 2

일의 자리: 3×㉡＝■2에서 ㉡＝**4**입니다.
십의 자리: ㉠×4＋1＝25, ㉠＝**6**입니다.

17 서술형 가이드 어떤 수를 구한 다음 바르게 계산하는 풀
이 과정이 들어 있어야 합니다.

채점 기준	어떤 수를 알아보고 바르게 계산한 값을 구하는 풀이 과정을 쓰고 답을 바르게 구함.	상
	어떤 수는 구했으나 바르게 계산하는 과정에서 실수하여 답이 틀림.	중
	어떤 수를 알지 못해 바르게 계산한 값을 구하지 못함.	하

18 해법 순서
① 48×7과 63×6을 계산합니다.
② □ 안에 수를 넣고 크기를 비교하여 □ 안에 알맞은 수를 구합니다.
$48\times7=336$, $63\times6=378$입니다.
$336<50\times\square<378$에서
$50\times\boxed{6}=300$, $50\times\boxed{7}=350$, $50\times\boxed{8}=400$이므로 □ 안에 알맞은 수는 **7**입니다.

19 생각 열기 곱이 가장 큰 (몇십몇)×(몇)은 가장 큰 수를 곱하는 수로 놓고 나머지 수로 가장 큰 몇십몇을 만들어 곱해지는 수에 놓습니다.
$8>6>4>2$이므로 가장 큰 수 8을 곱하는 수로 놓으면 나머지 수로 가장 큰 몇십몇인 64를 만들 수 있습니다.
⇨ $64\times8=$**512**

20 리본을 □개까지 만들 수 있다고 하면 $62\times\square$가 400보다 크지 않으면서 400에 가장 가까운 수이어야 합니다.
$62\times6=372$ (cm), $62\times7=434$ (cm)이므로 리본을 **6개**까지 만들 수 있습니다.
주의 $62\times\square$의 값은 400보다 작아야 합니다.

창의 사고력 104쪽

❶ 310원 ❷ 900원

❶ 생각 열기 10원짜리 동전과 50원짜리 동전이 놓여 있는 규칙을 찾아봅니다.
- 10원짜리 동전이 1개, 2개, 3개, …… 놓여 있으므로 여섯째에 놓이는 10원짜리 동전은 6개입니다.
- 50원짜리 동전이 0개, 1개, 2개, …… 놓여 있으므로 여섯째에 놓이는 50원짜리 동전은 5개입니다.

⇨ $10\times6=60$, $50\times5=250$이므로 여섯째에 놓이는 동전의 금액은 모두 $60+250=$**310(원)**입니다.

다른 풀이 10원부터 60원씩 늘어나게 놓는 규칙이므로 여섯째에는 처음보다 (60×5)원이 더 놓입니다.
더 놓이는 금액: 300원
⇨ (여섯째에 놓이는 동전의 금액)$=10+300$
$=310$(원)

❷ 해법 순서
① 학용품별 필요한 학생 수를 각각 알아봅니다.
② 각 학용품을 사는 데 필요한 금액을 구합니다.
③ ②에서 구한 값을 모두 더합니다.
학용품별 필요한 학생 수를 알아보면 연필 4명, 지우개 2명, 자 5명입니다.
(연필의 값)=(연필 1자루의 값)×(학생 수)
$=80\times4=320$(원)
(지우개의 값)=(지우개 1개의 값)×(학생 수)
$=65\times2=130$(원)
(자의 값)=(자 1개의 값)×(학생 수)
$=90\times5=450$(원)
⇨ (필요한 금액)$=320+130+450$
$=$**900(원)**

5. 길이와 시간

STEP 1 기본 유형 익히기   **108~111쪽**

1-1 5 센티미터 9 밀리미터
1-2 ㉢   **1-3** 5 cm
1-4

20 mm
43 mm

2-1 8, 306   **2-2** (선 잇기)

2-3 (위에서부터) 3, 600, 3600
2-4 1468 m
2-5 예 우리 집에서 할아버지 댁까지의 거리는
300 km입니다.

3-1 12
3-2 ⑴ km   ⑵ cm   ⑶ mm
3-3 ㉢   **3-4** 병원
4-1 2, 48, 25   **4-2** ⑴ 70 ⑵ 2, 30
4-3 초   **4-4** ⑤
4-5 예 75초＝60초＋15초＝1분 15초
따라서 재희가 노래를 부른 시간은 1분 15초
입니다.
; 1분 15초

5-1 ⑴ 5분 59초   ⑵ 3분 15초
5-2 5시간 39분 25초   **5-3** 2시간 55분 48초
5-4 1시간 40분 25초
5-5 예 7분 50초－6분 45초＝1분 5초
따라서 치타가 1분 5초 더 빨리 달렸습니다.
; 치타, 1분 5초
5-6 1시간 48분 31초

1-1 cm는 센티미터, mm는 밀리미터라고 읽습니다.
⇨ 5 cm 9 mm는 **5 센티미터 9 밀리미터**라고 읽
습니다.

1-2 [생각 열기] 1 cm＝10 mm임을 이용합니다.
㉠ 4 cm 6 mm＝4 cm＋6 mm
＝40 mm＋6 mm
＝46 mm

㉡ 92 mm＝90 mm＋2 mm
＝9 cm＋2 mm
＝9 cm 2 mm
㉢ 278 mm＝270 mm＋8 mm
＝27 cm＋8 mm
＝27 cm 8 mm
따라서 틀린 것은 ㉢입니다.

1-3 10 mm＝1 cm이므로 50 mm＝**5 cm**입니다.

1-4

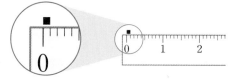

2 cm
4 cm 3 mm

• 긴 쪽은 4 cm보다 3 mm 더 깁니다.
⇨ 4 cm 3 mm＝**43 mm**
• 짧은 쪽은 2 cm입니다.
⇨ 2 cm＝**20 mm**

[참고]

1 cm를 10칸으로 똑같이 나누었을 때 작은 눈금 한 칸
의 길이(▪)를 1 mm라 쓰고 1 밀리미터라고 읽습니다.

2-1 8 km보다 306 m 더 긴 것을 8 km **306** m라 씁
니다.

2-2 [생각 열기] 1 km＝1000 m임을 이용합니다.
• 1 km＝1000 m이므로 4 km＝4000 m입니다.
• 5 km 370 m＝5000 m＋370 m
＝5370 m
• 2095 m＝2000 m＋95 m
＝2 km 95 m

2-3 [생각 열기] 3 km에서 4 km 사이를 몇 칸으로 나누었
는지 확인합니다.
1 km를 10칸으로 나누었으므로 작은 눈금 한 칸
은 100 m입니다.
3 km에서 6칸 더 갔으므로 **3 km 600** m, **3600** m
입니다.

2-4 생각 열기 1 km=1000 m임을 이용합니다.
1 km 468 m=1 km+468 m
=1000 m+468 m
=**1468 m**

2-5 1000 m를 1 km라고 씁니다.
서술형 가이드 1000 m=1 km임을 알고 상황에 맞게 km를 넣어 문장을 만들어야 합니다.

채점 기준	km를 사용하여 문장을 바르게 만듦.	상
	km를 사용하여 문장을 만들었으나 어색함.	중
	km를 사용한 문장을 만들지 못함.	하

3-1 연필의 길이는 지우개 3개의 길이와 비슷하므로 약 **12 cm**입니다.

3-2 제시된 상황에 알맞은 단위를 골라 써넣습니다.

3-3 1 km가 어느 정도인지 알아보고, 1 km보다 긴 길이를 찾아보도록 합니다.

3-4 생각 열기 1 km=1000 m이고, 1000 m는 500 m의 2배이므로 수미네 집에서 문방구까지의 거리의 2배인 곳을 찾습니다.
수미네 집~학교: 약 500 m
수미네 집~도서관: 약 1 km 500 m
수미네 집~**병원**: 약 1 km

4-1 • 짧은바늘: 2와 3 사이를 가리킵니다. ⇨ 2시
• 긴바늘: 9에서 작은 눈금 3칸 더 간 곳을 지났습니다. ⇨ 48분
• 초바늘: 5를 가리킵니다. ⇨ 25초
따라서 시계가 가리키는 시각은 **2시 48분 25초**입니다.
참고 시각을 읽을 때는 시, 분, 초의 순서로 읽습니다.

4-2 생각 열기 60초=1분임을 이용합니다.
(1) 1분 10초=60초+10초
=**70초**
(2) 150초=60초+60초+30초
=**2분 30초**

4-3 손을 씻는 데 걸리는 시간은 20초가 알맞습니다.

4-4 ⑤ 학교에서 집까지 가는 시간으로 초 단위는 어울리지 않습니다.

4-5 서술형 가이드 75초를 몇 분 몇 초로 나타내는 과정이 들어 있어야 합니다.

채점 기준	75초를 몇 분 몇 초로 바르게 나타냄.	상
	75초를 몇 분 몇 초로 나타내는 방법은 알았지만 실수로 답이 틀림.	중
	75초를 몇 분 몇 초로 나타내는 방법을 알지 못하여 답을 구하지 못함.	하

5-1 생각 열기 분은 분끼리, 초는 초끼리 계산합니다.
(1)   3분 42초
+ 2분 17초
　5분 59초

(2)   8분 55초
− 5분 40초
　3분 15초

5-2   5시간 19분 10초
+   20분 15초
5시간 39분 25초

5-3 (민지가 등산하는 데 걸린 시간)
=(올라가는 데 걸린 시간)
+(내려오는 데 걸린 시간)
=1시간 40분 12초+1시간 15분 36초
=**2시간 55분 48초**

5-4 생각 열기 신데렐라가 앞으로 무도회장에 있을 수 있는 시간은 나와야 하는 시각에서 지금 시각을 빼서 구합니다.
오후 11시 45분 50초−오후 10시 5분 25초
=**1시간 40분 25초**

5-5 서술형 가이드 타조의 기록에서 치타의 기록을 빼는 풀이 과정이 들어 있어야 합니다.

채점 기준	타조의 기록에서 치타의 기록을 빼는 식을 쓰고 답을 바르게 구함.	상
	타조의 기록에서 치타의 기록을 빼는 식은 썼으나 계산하는 과정에서 실수하여 답이 틀림.	중
	시간의 차를 구하는 식을 세우지 못해 답도 구하지 못함.	하

주의 기록을 나타낸 시간이 짧을수록 더 빠른 것입니다.

5-6 해법 순서

① 용산역에서 출발하는 시각과 전주역에 도착하는 시각을 알아봅니다.

② ①에서 구한 두 시각의 차를 구합니다.

용산역에서 9시 10분 16초에 출발해서 전주역에 10시 58분 47초에 도착합니다.

⇨ 10시 58분 47초−9시 10분 16초

　　=1시간 48분 31초

참고 • 시간의 합과 차 구하기

(시간)+(시간)=(시간), (시각)+(시간)=(시각),

(시간)−(시간)=(시간), (시각)−(시간)=(시각),

(시각)−(시각)=(시간)

2 STEP 응용 유형 익히기 112~119쪽

응용 **1** ㉤

예제 **1-1** ㉤

예제 **1-2** ㉣

응용 **2** ㉢

예제 **2-1** ㉣

예제 **2-2** 이모 댁, 고모 댁

응용 **3** 진구

예제 **3-1** 지민

예제 **3-2** 유빈

응용 **4** 47분 55초

예제 **4-1** 2시간 9분 47초

예제 **4-2** 4시 15분 56초

응용 **5** 2시간 5분 10초

예제 **5-1** 5시간 32분 15초

예제 **5-2** 2시 20분 12초

응용 **6** ㉠ 길

예제 **6-1** ㉤ 길

예제 **6-2** 약국

응용 **7** 13 cm 9 mm

예제 **7-1** 6 km 800 m

예제 **7-2** 5 km 150 m

응용 **8** 1시간 13분 24초

예제 **8-1** 3시간 57분 10초

예제 **8-2** 1시간 17분 26초

응용 **1** 생각 열기 10 mm=1 cm임을 이용합니다.

(1) ㉠ 41 mm=40 mm+1 mm

　　　　=4 cm $\boxed{1}$ mm

㉤ 32 mm=30 mm+2 mm

　　　=3 cm $\boxed{2}$ mm

(2) □ 안에 들어갈 수가 ㉠은 1, ㉤은 2이므로 더 큰 것은 ㉤입니다.

예제 **1-1** 생각 열기 1000 m=1 km임을 이용합니다.

㉠ 7509 m=7000 m+509 m

　　　=7 km $\boxed{509}$ m

㉤ 2860 m=2000 m+860 m

　　　=2 km $\boxed{860}$ m

⇨ □ 안에 들어갈 수가 더 큰 것은 ㉤입니다.

예제 **1-2** ㉠ 3070 m=3000 m+70 m

　　　=3 km $\boxed{70}$ m

㉤ 6021 m=6000 m+21 m

　　　=6 km $\boxed{21}$ m

㉢ 9100 m=9000 m+100 m

　　　=$\boxed{9}$ km 100 m

㉣ 8005 m=8000 m+5 m

　　　=8 km $\boxed{5}$ m

⇨ □ 안에 들어갈 수가 가장 작은 것은 ㉣입니다.

응용 **2** (1) ㉤ 7050 m=7000 m+50 m

　　　　=7 km 50 m

㉣ 5499 m=5000 m+499 m

　　　=5 km 499 m

(2) $\underset{㉢}{15\ km}>\underset{㉤}{7\ km\ 50\ m}>\underset{㉠}{6\ km\ 900\ m}$

　　　　$>\underset{㉣}{5\ km\ 499\ m}$

따라서 길이가 가장 긴 것은 ㉢입니다.

예제 **2-1** 생각 열기 길이를 같은 형태로 나타낸 다음 비교합니다.

㉠ 460 mm=46 cm

㉤ 38 cm 9 mm

㉢ 14 cm 7 mm

㉣ 845 mm=84 cm 5 mm

⇨ $\underset{㉣}{84\ cm\ 5\ mm}>\underset{㉠}{46\ cm}>\underset{㉤}{38\ cm\ 9\ mm}$

　　　　$>\underset{㉢}{14\ cm\ 7\ mm}$

따라서 길이가 가장 긴 것은 ㉣입니다.

예제 2-2
- 삼촌 댁: 7030 m=7 km 30 m
- 할아버지 댁: 7 km 300 m
- 이모 댁: 9 km
- 고모 댁: 6008 m=6 km 8 m
  ⇨ 9 km > 7 km 300 m > 7 km 30 m
     이모 댁   할아버지 댁   삼촌 댁
     > 6 km 8 m
       고모 댁

따라서 민수네 집에서 가장 먼 곳은 **이모 댁**이고 가장 가까운 곳은 **고모 댁**입니다.

다른 풀이
- 삼촌 댁: 7030 m
- 할아버지 댁: 7 km 300 m=7300 m
- 이모 댁: 9 km=9000 m
- 고모 댁: 6008 m
  ⇨ 9000 m > 7300 m > 7030 m > 6008 m
     이모 댁   할아버지 댁   삼촌 댁   고모 댁

따라서 민수네 집에서 가장 먼 곳은 이모 댁이고 가장 가까운 곳은 고모 댁입니다.

응용 3
(1) 98초=60초+38초=1분 38초
(2) 1분 20초 < 1분 38초 < 2분 4초
    진구   다현   현지

따라서 가장 빨리 달린 사람은 **진구**입니다.

예제 3-1 **생각 열기** 시간을 같은 형태로 나타낸 다음 비교합니다.
- 성진: 5분 49초=300초+49초=349초
- 범수: 6분 26초=360초+26초=386초
  ⇨ 325초 < 349초 < 386초 < 483초
    지민   성진   범수   아영

따라서 가장 빨리 맞춘 사람은 **지민**입니다.

다른 풀이 지민이와 아영이가 걸린 시간을 '몇 분 몇 초'로 나타냅니다.
- 지민: 325초=300초+25초=5분 25초
- 아영: 483초=480초+3초=8분 3초
  ⇨ 5분 25초 < 5분 49초 < 6분 26초 < 8분 3초
    지민   성진   범수   아영

따라서 가장 빨리 맞춘 사람은 지민입니다.

예제 3-2
- 규혁: 1시간 20분=60분+20분=80분
- 창현: 1시간 45분=60분+45분=105분
  ⇨ 125분 > 105분 > 95분 > 80분
    유빈   창현   세진   규혁

따라서 책을 가장 오래 읽은 사람은 **유빈**입니다.

응용 4
(1) 940초=900초+40초
    =60초×15+40초=15분 40초
(2) (방을 청소하는 데 걸린 시간)
    +(거실을 청소하는 데 걸린 시간)
    =15분 40초+32분 15초
    =**47분 55초**

예제 4-1 **생각 열기** 2등을 한 선수는 1등을 한 선수보다 222초 더 많이 걸렸습니다.
222초=180초+42초
    =60초×3+42초=3분 42초
⇨ (2등을 한 선수의 기록)
  =2시간 6분 5초+3분 42초
  =**2시간 9분 47초**

예제 4-2 **해법 순서**
① 기차가 서울역에서 출발한 시각을 알아봅니다.
② ①의 시각에 2시간 45분 14초를 더합니다.
기차가 서울역에서 출발한 시각은 1시 30분 42초입니다.

```
       1
    1시    30분  42초
+ 2시간    45분  14초
─────────────────────
    4시    15분  56초
```

⇨ 기차가 부산역에 도착한 시각은 **4시 15분 56초**입니다.

참고
(■시간 ▲분 ●초 후의 시각)
=(처음 시각)+(■시간 ▲분 ●초)

응용 5
(2) (영화 상영 시간)
    =(영화가 끝난 시각)−(영화가 시작한 시각)
    =18시 24분 40초−16시 19분 30초
    =**2시간 5분 10초**

예제 5-1 비가 내리기 시작한 시각은 10시 21분 10초이고 그친 시각은 15시 53분 25초(오후 3시 53분 25초)입니다.
⇨ (비가 내린 시간)
  =(비가 그친 시각)−(비가 내리기 시작한 시각)
  =15시 53분 25초−10시 21분 10초
  =**5시간 32분 15초**

예제 5-2 **해법 순서**
① 승연이가 도서관에 들어간 시각을 알아봅니다.
② ①의 시각에서 1시간 51분 13초를 뺍니다.

승연이가 도서관에 들어간 시각은 4시 11분 25초입니다.

$$\begin{array}{r} \overset{3}{4}\text{시} \quad 11\overset{60}{\text{분}} \quad 25\text{초} \\ - \quad 1\text{시간} \quad 51\text{분} \quad 13\text{초} \\ \hline 2\text{시} \quad 20\text{분} \quad 12\text{초} \end{array}$$

⇨ 민우가 도서관에 들어간 시각은 **2시 20분 12초**입니다.

참고

(■시간 ▲분 ●초 전의 시각)
=(처음 시각)⊖(■시간 ▲분 ●초)

응용 6
(1) (㉠ 길의 길이)=1 km+1 km 500 m
　　　　　　　=2 km 500 m
　　(㉡ 길의 길이)=2 km+700 m
　　　　　　　=2 km 700 m
(2) 2 km 500 m<2 km 700 m이므로
　　㉠ 길이 더 가깝습니다.

예제 6-1
(㉠ 길의 길이)=3 km 50 m+2 km 600 m
　　　　　　=5 km 650 m
(㉡ 길의 길이)=2 km 400 m+3 km 100 m
　　　　　　=5 km 500 m
⇨ 5 km 500 m<5 km 650 m이므로
　　㉡ 길이 더 가깝습니다.

예제 6-2
(놀이터~약국~도서관)
=1 km 350 m+1600 m
=1 km 350 m+1 km 600 m
=2 km 950 m
(놀이터~경찰서~도서관)
=1400 m+1 km 500 m
=1 km 400 m+1 km 500 m
=2 km 900 m
⇨ 2 km 950 m>2 km 900 m이므로
　　약국을 거쳐서 가는 길이 더 멉니다.

응용 7
생각 열기 cm는 cm끼리, mm는 mm끼리 계산합니다.
(1) (㉢~㉣)=(㉡~㉣)-(㉡~㉢)
　　　　　=7 cm 5 mm-3 cm 2 mm
　　　　　=4 cm 3 mm
(2) (㉠~㉣)=(㉠~㉢)+(㉢~㉣)
　　　　　=9 cm 6 mm+4 cm 3 mm
　　　　　=**13 cm 9 mm**

예제 7-1
생각 열기 km는 km끼리, m는 m끼리 계산합니다.
(㉢~㉣)=(㉡~㉣)-(㉡~㉢)
　　　　=5 km 300 m-1 km 200 m
　　　　=4 km 100 m
⇨ (㉠~㉣)=(㉠~㉢)+(㉢~㉣)
　　　　　=2 km 700 m+4 km 100 m
　　　　　=**6 km 800 m**

예제 7-2
(공원~학교)
=(공원~야구장)-(학교~야구장)
=10 km 500 m-8 km 200 m
=2 km 300 m
⇨ (학교~도서관)
　=(공원~도서관)-(공원~학교)
　=7 km 450 m-2 km 300 m
　=**5 km 150 m**

응용 8
생각 열기 낮의 길이와 밤의 길이의 합은 24시간입니다.
(1) 오후 6시 39분 56초=18시 39분 56초
(2) (낮의 길이)
　　=18시 39분 56초-6시 3분 14초
　　=12시간 36분 42초
　　(밤의 길이)
　　=24시간-12시간 36분 42초
　　=11시간 23분 18초
(3) (낮의 길이)-(밤의 길이)
　　=12시간 36분 42초-11시간 23분 18초
　　=**1시간 13분 24초**

참고

• 오후 ■시는 (■+12)시로 나타낼 수 있습니다.
• (낮의 길이)=(해가 진 시각)-(해가 뜬 시각)
• (밤의 길이)=24시간-(낮의 길이)

예제 8-1
오후 5시 46분 53초=17시 46분 53초
(낮의 길이)=17시 46분 53초
　　　　　　-7시 45분 28초
　　　　　=10시간 1분 25초
(밤의 길이)=24시간-10시간 1분 25초
　　　　　=13시간 58분 35초
⇨ (밤의 길이)-(낮의 길이)
　=13시간 58분 35초-10시간 1분 25초
　=**3시간 57분 10초**

예제 **8-2** 해가 뜬 시각은 오전 6시 12분 4초이고, 해가 진 시각은 오후 6시 50분 47초(18시 50분 47초)입니다.

(낮의 길이)=18시 50분 47초−6시 12분 4초
　　　　　=12시간 38분 43초

(밤의 길이)=24시간−12시간 38분 43초
　　　　　=11시간 21분 17초

⇨ (낮의 길이)−(밤의 길이)
　=12시간 38분 43초−11시간 21분 17초
　=**1시간 17분 26초**

③ STEP 응용 유형 뛰어넘기 　120~125쪽

1 49 cm 8 mm

2 10시 10분 36초

3 ㉡

4 84 cm

5 공원, 경찰서, 영화관

6 3, 20, 50

7 51 km 500 m

8 예 '시'는 '시'끼리, '분'은 '분'끼리, '초'는 '초'끼리 계산하지 않았습니다.

```
  ;    3시  21분
  +        6분  35초
  ─────────────────
       3시  27분  35초
```

9 빨간색, 24 cm 5 mm

10

11 10시 17분

12 60 m

13 예 청소를 시작한 시각은 9시 13분 27초이고 청소를 끝낸 시각은 10시 37분 43초입니다.

⇨ (청소를 하는 데 걸린 시간)
　=10시 37분 43초−9시 13분 27초
　=1시간 24분 16초
; 1시간 24분 16초

14 2시 4분 48초

15 8 km 780 m

16 예 (㉠~㉣)=(㉠~㉢)+(㉢~㉣)
　　　=3 km 500 m+4 km 10 m
　　　=7 km 510 m

⇨ (㉠~㉡)=(㉠~㉣)−(㉡~㉣)
　　　　=7 km 510 m−5 km 600 m
　　　　=1 km 910 m
; 1 km 910 m

17 5시 8분 10초

18 2시간 47분 44초

---

1 10 mm=1 cm이므로
498 mm=490 m+8 mm=**49 cm 8 mm**입니다.

2

짧은바늘: 10과 11 사이를 가리킵니다. ⇨ 10시
긴바늘: 2(10분)를 지났습니다. ⇨ 10분
초바늘: 7(35초)에서 작은 눈금 1칸 더 간 곳을 가리킵니다. ⇨ 36초
따라서 시계가 가리키는 시각은 **10시 10분 36초**입니다.

3 ㉡ 백두산의 높이는 약 2750 m입니다.

4 14×6=84이므로 책상 긴 쪽의 길이는 약 **84 cm**입니다.

5 (지우네 집~경찰서)=1 km 300 m=1300 m
(지우네 집~공원)=1030 m
(지우네 집~영화관)=1303 m
⇨ 1030 m<1300 m<1303 m
따라서 지우네 집에서 가까운 순서대로 쓰면 **공원, 경찰서, 영화관**입니다.

다른 풀이 (지우네 집~경찰서)=1 km 300 m
(지우네 집~공원)=1030 m=1 km 30 m
(지우네 집~영화관)=1303 m=1 km 303 m
⇨ 1 km 30 m<1 km 300 m<1 km 303 m
따라서 지우네 집에서 가까운 순서대로 쓰면 공원, 경찰서, 영화관입니다.

6 □시간 □분 □초+4시간 25분 30초
=7시간 46분 20초,
7시간 46분 20초−4시간 25분 30초
=□시간 □분 □초
```
           45    60
      7시간  46분  20초
  ⇨ −  4시간  25분  30초
  ────────────────────────
      3시간  20분  50초
```

7 (수영)+(자전거)+(달리기)
=1 km 500 m+40 km+10 km
=**51 km 500 m**

8 서술형 가이드 같은 단위끼리 더하지 않아서 틀렸다는 이유를 쓰고 바르게 계산했는지 확인합니다.

채점기준	계산이 틀린 이유를 쓰고 바르게 계산함.	상
	계산이 틀린 이유를 썼으나 계산이 틀림.	중
	계산이 틀린 이유를 쓰지 못했고 계산도 틀림.	하

9 빨간색 리본: 200 mm＋45 mm＝245 mm

노란색 리본: 20 cm＋30 mm
　　　　　　＝200 mm＋30 mm＝230 mm

초록색 리본: 400 mm－180 mm＝220 mm

⇨ 245 mm＞230 mm＞220 mm

따라서 가장 긴 리본은 **빨간색**이고

길이는 245 mm＝**24 cm 5 mm**입니다.

10 해법 순서
① 창덕궁 관람을 시작한 시각을 알아봅니다.
② 창덕궁 관람을 끝낸 시각을 알아봅니다.
③ 창덕궁 관람을 끝낸 시각을 시계에 나타내어 봅니다.
창덕궁 관람을 시작한 시각은 2시 15분 23초입니다.

```
   2시    15분 23초
+ 1시간 25분 10초
─────────────────
   3시    40분 33초
```

⇨ 짧은바늘: 3과 4 사이를 가리키게 그립니다.
　긴바늘: 8(40분)을 지나게 그립니다.
　초바늘: 6(30초)에서 작은 눈금 3칸 더 간 곳을 가
　　　　　리키게 그립니다.

11 생각 열기 먼저 약속한 시각에 보라가 늦은 시간을 더하여 보라가 도착한 시각을 구합니다.
(보라가 도착한 시각)
＝10시 30분＋24분＝10시 54분
(보라가 일어나서 도착할 때까지 걸린 시간)
＝10＋15＋12＝37(분)
⇨ (보라가 일어난 시각)
　＝10시 54분－37분＝**10시 17분**

12 (배추밭의 네 변의 길이의 합)
＝1 km＋430 m＋1 km＋430 m
＝2 km 860 m
(무밭의 네 변의 길이의 합)
＝700 m＋700 m＋700 m＋700 m
＝2800 m＝2 km 800 m
⇨ 2 km 860 m－2 km 800 m＝**60 m**

13 서술형 가이드 청소를 시작한 시각과 끝낸 시각을 읽고 두 시각의 차를 구하는 과정이 들어 있어야 합니다.

채점기준	청소를 시작한 시각과 끝낸 시각을 알고 두 시각의 차를 바르게 구함.	상
	청소를 시작한 시각과 끝낸 시각은 알고 있으나 시각의 차를 계산하는 과정에서 실수하여 답이 틀림.	중
	청소를 시작한 시각과 끝낸 시각을 몰라 문제를 풀지 못함.	하

14 4일＝24시간×4＝96시간
(4일 동안 빨라지는 시간)
＝3×96＝96×3＝288(초) ⇨ 4분 48초
따라서 4일 후 오후 2시에는 정확한 시각보다 4분 48초 빨라집니다.
⇨ 2시＋4분 48초＝**2시 4분 48초**

15 해법 순서
① 서울시청에서 대전시청을 거쳐 목포시청까지의 거리를 구합니다.
② 서울시청에서 대구시청을 거쳐 부산시청까지의 거리를 구합니다.
③ ①과 ②에서 구한 두 거리의 차를 구합니다.
(서울시청에서 대전시청을 거쳐 목포시청까지의 거리)＝139 km 950 m＋194 km 550 m
＝334 km 500 m
(서울시청에서 대구시청을 거쳐 부산시청까지의 거리)＝237 km 620 m＋88 km 100 m
＝325 km 720 m
⇨ 334 km 500 m－325 km 720 m
　＝**8 km 780 m**

참고
• m끼리의 합이 1000보다 크면 1000 m＝1 km이므로 받아올림하여 계산합니다.
• m끼리 뺄 수 없을 때에는 1 km＝1000 m이므로 받아내림하여 계산합니다.

16 서술형 가이드 전체 거리에서 ㉡에서 ㉣까지의 거리를 빼는 풀이 과정이 들어 있어야 합니다.

채점기준	전체 거리를 알아본 다음 이 거리에서 ㉡에서 ㉣까지의 거리를 빼어 답을 바르게 구함.	상
	전체 거리를 알고 있지만 ㉡에서 ㉣까지의 거리를 빼는 과정에서 실수하여 답이 틀림.	중
	전체 거리를 구하지 못해 문제를 풀지 못함.	하

17 9번째 버스는 첫 번째 버스가 출발하고 10분 20초씩 8번 지난 후 출발합니다.

10분 20초씩 8번 ⇨ 80분 160초 ⇨ 82분 40초
⇨ 1시간 22분 40초

첫 번째 버스는 9번째 버스가 출발한 시각에서 1시간 22분 40초 전에 출발한 것입니다.

(첫 번째 버스가 출발한 시각)
=6시 30분 50초−1시간 22분 40초
=**5시 8분 10초**

18 [해법 순서]
① 해가 진 시각에서 해가 뜬 시각을 빼서 낮의 길이를 구합니다.
② 하루는 24시간이므로 24시간에서 낮의 길이를 빼서 밤의 길이를 구합니다.
③ 낮의 길이와 밤의 길이의 차를 구합니다.
(낮의 길이)=19시 15분 5초−5시 51분 13초
＝13시간 23분 52초
(밤의 길이)=24시간−13시간 23분 52초
＝10시간 36분 8초
⇨ (낮의 길이)−(밤의 길이)
＝13시간 23분 52초−10시간 36분 8초
＝**2시간 47분 44초**

[참고] 오후 ■시는 (■+12)시로 나타낼 수 있습니다.

실력 평가   126~129쪽

1 7시 54분 35초
2 (1) 155 (2) 5, 50
3 10시 43분 49초
4 2, 400
5 >
6 ④
7 4시간 25분 17초
8 ⑳ 경미는 2시간 30분 동안 야구 경기를 관람했습니다.
9 (1) m (2) mm (3) km
10 2 km 130 m
11 ⑳ 2분 39초=120초+39초=159초
159<163이므로 기록이 더 좋은 사람은 정우입니다.
; 정우

---

12 ㉠, ㉣, ㉡, ㉢
13 경상남·북도
14 8분 10초
15 32분 2초
16

	5 시	[14] 분	37 초
+	[3] 시간	25 분	[11] 초
	8 시	39 분	48 초

17 2번 개미
18 5 km 500 m
19 ⑳ 시계가 나타내는 시각은 10시 26분 34초입니다.
250분=240분+10분=4시간 10분이므로
10시 26분 34초에서 250분 전의 시각은
10시 26분 34초−4시간 10분
＝6시 16분 34초입니다.
; 6시 16분 34초
20 나 도시, 2분 4초

---

1 짧은바늘: 7과 8 사이를 가리킵니다. ⇨ 7시
긴바늘: 10(50분)에서 작은 눈금 4칸 더 간 곳을 지났습니다. ⇨ 54분
초바늘: 7을 가리킵니다. ⇨ 35초
따라서 시계가 가리키는 시각은 **7시 54분 35초**입니다.

2 [생각 열기] 60초=1분임을 이용합니다.
(1) 2분 35초=120초+35초
＝**155초**
(2) 350초=300초+50초
＝**5분 50초**

3 [생각 열기] (시각)+(시간)=(시각)입니다.

	4시	20분	19초
+	6시간	23분	30초
	10시	**43분**	**49초**

4 [생각 열기] 1 km를 똑같이 10칸으로 나누었으면 작은 눈금 한 칸은 100 m입니다.
작은 눈금 한 칸은 100 m입니다.
2 km에서 4칸 더 갔으므로 **2 km 400 m**입니다.

5 [생각 열기] 길이를 같은 형태로 나타낸 다음 비교합니다.
2 km=2000 m
⇨ 2000 m > 1900 m
[다른 풀이]
1900 m=1 km 900 m
⇨ 2 km > 1 km 900 m

6 ① 1 cm=10 mm ⇨ 5 cm=50 mm
② 1 km=1000 m ⇨ 7 km=7000 m
③ 6 cm 8 mm=60 mm+8 mm
　　　　　　=68 mm
④ 3 km 40 m=3000 m+40 m
　　　　　　=3040 m
⑤ 26 mm=20 mm+6 mm
　　　　=2 cm 6 mm

7 생각 열기 (시간)−(시간)=(시간)입니다.

　　　5시간 40분 37초
　− 1시간 15분 20초
　─────────────
　　　4시간 25분 17초

8 서술형 가이드 주어진 시간에 어울리는 문장을 만들었는지 확인합니다.

채점기준	주어진 시간을 넣어 문장을 만듦.	상
	주어진 시간을 넣어 문장을 만들었으나 어색함.	중
	주어진 시간의 의미를 몰라 문장을 만들지 못함.	하

9 제시된 상황에 알맞은 단위를 골라 써넣습니다.

10 2 km보다 130 m 더 먼 거리는 2 km 130 m입니다.
따라서 유경이가 자전거를 타고 간 거리는 **2 km 130 m**입니다.

11 기록의 수가 작을수록 빨리 달린 것입니다.
서술형 가이드 달리기 기록을 같은 단위로 바꾼 다음 비교하는 풀이 과정이 들어 있어야 합니다.

채점기준	시간의 단위를 같은 단위로 바꾼 다음 비교하여 답을 바르게 구함.	상
	시간의 단위를 바꾸는 과정에서 실수가 있어서 답이 틀림.	중
	시간의 단위를 바꾸는 방법을 알지 못하여 비교하지 못함.	하

다른 풀이
• 정우: 2분 39초
• 혜미: 163초=120초+43초=2분 43초
⇨ 2분 39초<2분 43초이므로 기록이 더 좋은 사람은 정우
　　 정우　　　　 혜미
입니다.

12 생각 열기 1 km=1000 m임을 이용합니다.
㉠ 2900 m
㉡ 2 km 80 m=2080 m
㉢ 2 km=2000 m
㉣ 2500 m
⇨ 2900 m>2500 m>2080 m>2000 m
　　 ㉠　　　　 ㉣　　　　 ㉡　　　 ㉢

다른 풀이
㉠ 2900 m=2 km 900 m
㉡ 2 km 80 m
㉢ 2 km
㉣ 2500 m=2 km 500 m
⇨ 2 km 900 m>2 km 500 m
　　 ㉠　　　　　 ㉣
>2 km 80 m>2 km
　 ㉡　　　 ㉢

13 생각 열기 호우 경보를 발표해야 하는 경우는 3시간 동안 내릴 비의 양이 90 mm이거나 90 mm보다 많을 때입니다.
비의 양이 90 mm(=9 cm)이거나
90 mm(=9 cm)보다 많은 지역을 찾습니다.
• 서울/경기도: 7 cm 8 mm<9 cm
• 전라남·북도: 5 cm 6 mm<9 cm
• 강원도: 3 cm 4 mm<9 cm
• 경상남·북도: 9 cm 2 mm>9 cm
따라서 호우 경보를 발표해야 하는 지역은
경상남·북도입니다.

14 (더 걸린 시간)
=2시간 37분 45초−2시간 29분 35초
=**8분 10초**

15 생각 열기 (시각)−(시각)=(시간)입니다.
해법 순서
① 낚시를 시작한 시각과 물고기를 낚은 시각을 알아봅니다.
② 물고기를 잡는 데 걸린 시간을 구합니다.
동훈이가 낚시를 시작한 시각은 2시 15분 21초이고, 물고기를 낚은 시각은 2시 47분 23초입니다.
⇨ (물고기를 잡는 데 걸린 시간)
=(물고기를 낚은 시각)−(낚시를 시작한 시각)
=2시 47분 23초−2시 15분 21초
=**32분 2초**

16　　5 시　㉡분　37초
　+ ㉠시간 25분　㉢초
　─────────────
　　8 시　39분　48초
• 37+㉢=48 ⇨ ㉢=**11**
• ㉡+25=39 ⇨ ㉡=**14**
• 5+㉠=8 ⇨ ㉠=**3**

17 1번 개미: 8시   40분 10초

            − 7시   15분

                 1시간 25분 10초

2번 개미: 4시   32분 15초

            − 3시   5분 15초

                 1시간 27분

따라서 1시간 25분 10초<1시간 27분이므로
2번 개미가 일을 더 오래 했습니다.

18 해법 순서

① ㉠에서 ㉡까지의 거리를 구합니다.

② ㉠에서 ㉢까지의 거리를 구합니다.

(㉠~㉡)=(㉠~㉣)−(㉡~㉣)

         =6 km 850 m−4 km 500 m

         =2 km 350 m

⇨ (㉠~㉢)=(㉠~㉡)+(㉡~㉢)

              =2 km 350 m+3 km 150 m

              =5 km 500 m

19 250분 전의 시각은 250분을 **빼서** 구합니다.

서술형 가이드 시계가 나타내는 시각에서 250분을 빼는 과정이 들어 있어야 합니다.

채점 기준		
시각을 바르게 읽고 그 시각에서 250분을 빼어 바른 답을 구함.	상
시각을 바르게 읽었으나 시간의 차를 계산하는 과정에서 실수가 있어서 답이 틀림.	중
시각을 읽지 못하여 답이 틀림.	하

20 해법 순서

① 가 도시와 나 도시의 낮의 길이를 각각 구합니다.

② 두 도시 중 어느 도시의 낮의 길이가 몇 분 몇 초 더 긴지 구합니다.

(가 도시의 낮의 길이)

=19시 50분 24초−5시 27분 5초

=14시간 23분 19초

(나 도시의 낮의 길이)

=19시 43분 39초−5시 18분 16초

=14시간 25분 23초

⇨ (나 도시의 낮의 길이)−(가 도시의 낮의 길이)

    =14시간 25분 23초−14시간 23분 19초

    =2분 4초

따라서 **나** 도시의 낮의 길이가 **2분 4초** 더 깁니다.

참고

(낮의 길이)=(해가 진 시각)−(해가 뜬 시각)

창의 사고력   130쪽

❶ 오전 9시 30분   **❷** 1시간 30분 50초

❶ 생각 열기 서울과 뉴델리의 시각 차이를 알아봅니다.

16시 30분−13시=3시간 30분이므로 뉴델리가 서울보다 3시간 30분 느립니다.

오후 1시는 13시로 나타낼 수 있으므로 오후 1시에서 3시간 30분 전의 시각은

13시−3시간 30분=9시 30분입니다.

따라서 서울이 오후 1시일 때 뉴델리는

오전 9시 30분입니다.

주의 오전, 오후를 빠트리지 않고 씁니다.

❷ 해법 순서

① 공연장에 도착한 시각을 알아봅니다.

② 도착한 시각에서 가장 가까운 공연 시각을 알아봅니다.

③ 현석이가 기다려야 하는 시간을 구합니다.

짧은바늘: 3과 4 사이를 가리킵니다. ⇨ 3시

긴바늘: 8(40분)에서 작은 눈금 4칸 더 간 곳을 지났습니다. ⇨ 44분

초바늘: 2를 가리킵니다. ⇨ 10초

따라서 현석이가 도착한 시각은 3시 44분 10초이므로 3회 공연을 볼 수 있습니다.

⇨ (현석이가 기다려야 하는 시간)

    =5시 15분−3시 44분 10초

    =1시간 30분 50초

6. 분수와 소수

STEP 1 기본 유형 익히기   134~137쪽

1-1 (1) 4 (2) 6

1-2 ②, ③

1-3

2-1 4, 3

2-2 $\frac{3}{5}$, $\frac{2}{5}$

2-3 예

2-4 예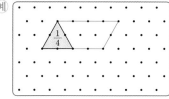

2-5 윤석

2-6 예 8조각 중에서 3조각을 먹었으므로 남은 사과는 8−3=5(조각)입니다.
따라서 남은 사과는 전체 8조각 중의 5조각이므로 $\frac{5}{8}$입니다. ; $\frac{5}{8}$

3-1 (1) < (2) >

3-2 $\frac{1}{3}$에 ◯표

3-3 현우

3-4 3개

3-5 예 단위분수는 분모가 작을수록 큰 수이므로 $\frac{1}{3}>\frac{1}{4}$입니다.
따라서 소정이가 더 많이 먹었습니다.
; 소정

4-1 0.3, 0.7, 0.9

4-2 $\frac{5}{10}$, 0.5

4-3 (선 연결 그림)

4-4 (1) 36 (2) 7.9

4-5 22.5 cm

4-6 0.6

5-1 <

5-2 2.3

5-3 재범

5-4 5, 6, 7에 ◯표

5-5 예 소수점 왼쪽의 수를 비교하면 3>2이므로 3.4>2.7입니다. 따라서 도서관이 더 가깝습니다.
; 도서관

1-1 (1) 똑같이 넷으로 나누었습니다.
(2) 똑같이 여섯으로 나누었습니다.

1-2 ①, ④, ⑤는 나누어진 부분들의 크기와 모양이 다르므로 똑같이 나누어진 도형이 아닙니다.
② 전체를 똑같이 넷으로 나누었습니다.
③ 전체를 똑같이 둘로 나누었습니다.
참고 똑같이 나누어진 것은 나누어진 부분들의 크기와 모양이 같습니다.

1-3 주어진 점을 이용하여 피자를 똑같이 여덟으로 나누어 봅니다.

2-1 부분 ▽ 은 전체 ▽ 를 똑같이 **4**로 나눈 것 중의 **3**입니다.

2-2 생각 열기 먼저 전체를 몇으로 나누었는지 알아봅니다.
• 색칠한 부분은 전체를 똑같이 5로 나눈 것 중의 3이므로 $\frac{3}{5}$입니다.
• 색칠하지 않은 부분은 전체를 똑같이 5로 나눈 것 중의 2이므로 $\frac{2}{5}$입니다.

2-3 $\frac{3}{4}$은 전체를 똑같이 4로 나눈 것 중의 3이므로 3만큼 색칠합니다.

2-4 $\frac{1}{4}$은 전체를 똑같이 4로 나눈 것 중의 1이므로 색칠한 부분과 똑같은 모양이 3만큼 더 있도록 그립니다.

2-5 $\frac{3}{7}$은 7분의 3이라고 읽습니다.

2-6 서술형 가이드 남은 사과의 조각 수를 구하여 분수로 나타내는 풀이 과정이 들어 있어야 합니다.

채점 기준		
남은 사과의 조각 수를 구하고 이를 분수로 바르게 나타냄.	상
남은 사과의 조각 수는 구했으나 분수로 나타내는 과정에서 실수하여 답이 틀림.	중
남은 사과의 조각 수를 구하지 못해 분수로 나타내지 못함.	하

3-1 (1) 단위분수는 분모가 작을수록 큰 수입니다.

$$5>2 \Rightarrow \frac{1}{5}<\frac{1}{2}$$

(2) 분모가 같은 분수는 분자가 클수록 큰 수입니다.

$$3>2 \Rightarrow \frac{3}{6}>\frac{2}{6}$$

참고

• 단위분수는 분모의 크기를 비교합니다.

$$\blacksquare>\blacktriangle \Rightarrow \frac{1}{\blacksquare}<\frac{1}{\blacktriangle}$$

• 분모가 같은 분수는 분자의 크기를 비교합니다.

$$\blacktriangle>\bullet \Rightarrow \frac{\blacktriangle}{\blacksquare}>\frac{\bullet}{\blacksquare}$$

3-2 단위분수는 분모가 작을수록 큰 수입니다.

$3<7<10$이므로 가장 큰 분수는 $\frac{1}{3}$입니다.

3-3 생각 열기 분모가 같은 분수는 분자가 클수록 큰 수이고, 단위분수는 분모가 작을수록 큰 수입니다.

경은: $5>4 \Rightarrow \frac{5}{7}>\frac{4}{7}$

윤호: $6<8 \Rightarrow \frac{1}{6}>\frac{1}{8}$

현우: $4>2 \Rightarrow \frac{4}{11}>\frac{2}{11}$

3-4 $\frac{3}{9}<\frac{4}{9}<\boxed{\frac{5}{9}}<\frac{6}{9}<\frac{7}{9}<\frac{8}{9}$

$\frac{5}{9}$보다 큰 분수는 $\frac{6}{9}$, $\frac{7}{9}$, $\frac{8}{9}$로 모두 **3개**입니다.

3-5 서술형 가이드 단위분수의 크기를 비교하는 풀이 과정이 들어 있어야 합니다.

채점 기준	단위분수의 크기를 비교하는 방법을 알고 답을 바르게 구함.	상
	단위분수의 크기를 비교하는 방법을 알지만 풀이 과정에서 실수하여 답이 틀림.	중
	단위분수의 크기를 비교하는 방법을 알지 못해 문제를 풀지 못함.	하

4-1 생각 열기 $\frac{1}{10}=0.1$, $\frac{2}{10}=0.2$, $\frac{3}{10}=0.3$, ……임을 이용합니다.

$\frac{3}{10}=\mathbf{0.3}$, $\frac{7}{10}=\mathbf{0.7}$, $\frac{9}{10}=\mathbf{0.9}$

4-2 전체를 똑같이 10으로 나눈 것 중의 5칸에 색칠했으므로 $\frac{5}{10}$입니다.

$$\Rightarrow \frac{5}{10}=\mathbf{0.5}$$

참고

$\frac{\blacksquare}{10}$를 소수로 나타내면 $0.\blacksquare$입니다.

4-3 $4\text{ mm}=\frac{4}{10}\text{ cm}=0.4\text{ cm}$

$7\text{ mm}=\frac{7}{10}\text{ cm}=0.7\text{ cm}$

$5\text{ mm}=\frac{5}{10}\text{ cm}=0.5\text{ cm}$

참고

$\blacktriangle\text{ mm}=\frac{\blacktriangle}{10}\text{ cm}=0.\blacktriangle\text{ cm}$

4-4 (1) 3.6은 0.1이 **36**개입니다.

(2) 0.1이 79개이면 **7.9**입니다.

참고

• $\blacksquare.\blacktriangle$는 0.1이 $\blacksquare\blacktriangle$개입니다.

• 0.1이 $\blacksquare\blacktriangle$개이면 $\blacksquare.\blacktriangle$입니다.

4-5 생각 열기 $1\text{ mm}=0.1\text{ cm}$임을 이용합니다.

$$225\text{ mm}=220\text{ mm}+5\text{ mm}$$
$$=22\text{ cm}+5\text{ mm}$$
$$=22\text{ cm}+0.5\text{ cm}$$
$$=\mathbf{22.5\text{ cm}}$$

4-6 초콜릿을 똑같이 10조각으로 나눈 것 중에서 6조각은 $\frac{6}{10}$입니다.

$$\Rightarrow \frac{6}{10}=\mathbf{0.6}$$

5-1 생각 열기 소수의 크기를 비교할 때에는 먼저 소수점 왼쪽의 수를 비교하고, 소수점 왼쪽의 수가 같으면 소수점 오른쪽의 수를 비교합니다.

0.1이 4개인 수는 0.4입니다.

$$\Rightarrow 0.4 \overset{}{\underset{4<9}{<}} 0.9$$

5-2 $2.3>2.1$, $1.9<2.1$, $0.4<2.1$

따라서 2.1보다 큰 소수는 **2.3**입니다.

5-3 13.5<14.3이므로 **재범**이가 더 빨리 달렸습니다.
[주의] 달리기는 기록의 수가 작을수록 빠릅니다.

5-4 [해법 순서]
① 소수점 왼쪽의 수를 비교합니다.
② 소수점 오른쪽의 수를 비교하여 □ 안에 들어갈 수 있는 수를 모두 찾습니다.
5.4<5.□<5.8에서 소수점 왼쪽의 수가 같으므로 소수점 오른쪽의 수를 비교하면 4<□<8입니다.
따라서 □ 안에 들어갈 수 있는 수는 5, 6, 7입니다.

5-5 [서술형 가이드] 소수의 크기를 비교하는 풀이 과정이 들어 있어야 합니다.

채점기준		
소수의 크기를 비교하는 방법을 알고 답을 바르게 구함.	상
소수의 크기를 비교하는 방법은 알지만 풀이 과정에서 실수하여 답이 틀림.	중
소수의 크기를 비교하는 방법을 알지 못해 문제를 풀지 못함.	하

② STEP 응용 유형 익히기 138~145쪽

응용 1 3개
예제 1-1 (   )(   )(×)(   )
예제 1-2 예

응용 2 다
예제 2-1 나   **예제 2-2** 다
응용 3 혜림
예제 3-1 승호   **예제 3-2** 미정
응용 4 4개
예제 4-1 3개   **예제 4-2** $\frac{1}{8}, \frac{1}{9}, \frac{1}{10}, \frac{1}{11}$
응용 5 0.5
예제 5-1 0.3   **예제 5-2** 0.1
응용 6 5.8 cm
예제 6-1 13.2 cm   **예제 6-2** 10.4 cm
응용 7 4개
예제 7-1 6개   **예제 7-2** 39
응용 8 태현
예제 8-1 현수   **예제 8-2** ㉢, ㉤

응용 1 [생각 열기] 나누어진 부분들의 크기와 모양이 같은 국기를 찾습니다.
(1) 나누어진 부분들을 겹쳐 보았을 때 완전히 포개어져야 똑같이 나누어진 것입니다.
(2) 우크라이나, 모리셔스, 벨기에 국기로 모두 **3개**입니다.

예제 1-1 [생각 열기] 똑같이 나누어진 것은 나누어진 부분들의 크기와 모양이 같습니다.

 ⇨ 똑같이 둘로 나눈 것입니다.

 ⇨ 똑같이 넷으로 나눈 것입니다.

 ⇨ 똑같이 나누어지지 않았습니다.

 ⇨ 똑같이 셋으로 나눈 것입니다.

예제 1-2 나누어진 8조각의 크기와 모양이 같도록 똑같이 여덟으로 나누어 봅니다.

   ......

응용 2 (1) 가, 나, 라는 전체를 똑같이 6으로 나눈 것 중의 4를 색칠한 것입니다. ⇨ $\frac{4}{6}$
다는 전체를 똑같이 8로 나눈 것 중의 4를 색칠한 것입니다. ⇨ $\frac{4}{8}$
(2) 색칠한 부분이 나타내는 분수는 가, 나, 라가 $\frac{4}{6}$이고, 다가 $\frac{4}{8}$이므로 색칠한 부분이 나타내는 분수가 나머지와 다른 것은 **다**입니다.

예제 2-1 가, 다, 라는 전체를 똑같이 5로 나눈 것 중의 3을 색칠한 것입니다. ⇨ $\frac{3}{5}$
나는 전체를 똑같이 6으로 나눈 것 중의 3을 색칠한 것입니다. ⇨ $\frac{3}{6}$

예제 **2-2** 생각 열기 전체를 똑같이 몇으로 나눈 것 중의 몇이 남은 것인지 알아봅니다.

가, 나, 라는 전체를 똑같이 8로 나눈 것 중의 5가 남았습니다. ⇨ $\dfrac{5}{8}$

다는 전체를 똑같이 7로 나눈 것 중의 4가 남았습니다. ⇨ $\dfrac{4}{7}$

응용 **3** 생각 열기 ■＞▲이면 $\dfrac{1}{■}<\dfrac{1}{▲}$입니다.

(1) 단위분수는 분모가 클수록 작은 수이므로 $\dfrac{1}{6}<\dfrac{1}{4}<\dfrac{1}{2}$입니다.

(2) $\dfrac{1}{6}$이 가장 작은 단위분수이므로 가장 적게 먹은 사람은 **혜림**입니다.

예제 **3-1** $\dfrac{4}{12}$, $\dfrac{1}{12}$, $\dfrac{5}{12}$의 크기를 비교합니다.

분모가 같은 분수는 분자가 클수록 큰 수이므로 $\dfrac{5}{12}>\dfrac{4}{12}>\dfrac{1}{12}$입니다.

따라서 철사를 가장 많이 사용한 사람은 **승호**입니다.

예제 **3-2** 해법 순서
① 남은 콜라의 양을 각각 알아봅니다.
② 남은 콜라의 양을 비교하여 가장 많이 남은 사람을 알아봅니다.

남은 콜라는 아라가 전체의 $\dfrac{1}{9}$, 윤주가 전체의 $\dfrac{1}{11}$, 미정이가 전체의 $\dfrac{1}{8}$입니다.

단위분수는 분모가 작을수록 큰 수이므로 $\dfrac{1}{8}>\dfrac{1}{9}>\dfrac{1}{11}$입니다.

따라서 남은 콜라가 가장 많은 사람은 **미정**입니다.

주의 마신 콜라의 양을 비교하는 것이 아니라 남은 콜라의 양을 비교해야 합니다.

응용 **4** (1) 분모가 같은 분수는 분자가 클수록 큰 수이므로 $\dfrac{□}{11}$가 $\dfrac{5}{11}$보다 작으려면 □는 5보다 작아야 합니다.

(2) □ 안에 들어갈 수 있는 수는 1, 2, 3, 4로 모두 **4개**입니다.

예제 **4-1** 단위분수는 분모가 클수록 작은 수이므로 $\dfrac{1}{■}$이 $\dfrac{1}{6}$보다 작으려면 ■는 6보다 커야 합니다.

따라서 ■가 될 수 있는 수는 7, 8, 9로 모두 **3개**입니다.

예제 **4-2** 생각 열기 단위분수는 $\dfrac{1}{■}$입니다.

• 단위분수는 분자가 1인 분수이므로 $\dfrac{1}{□}$입니다.

• $\dfrac{1}{□}>\dfrac{1}{12}$에서 □＜12입니다.

• 분모가 7보다 크므로 □＞7입니다.

⇨ 7＜□＜12이므로 □ 안에 들어갈 수 있는 수는 8, 9, 10, 11입니다.

따라서 조건을 모두 만족하는 분수는 $\dfrac{1}{8}$, $\dfrac{1}{9}$, $\dfrac{1}{10}$, $\dfrac{1}{11}$입니다.

응용 **5** (1) 민아와 재우가 먹은 피자는 2＋3＝5(조각)이므로 남은 피자는 10－5＝5(조각)입니다.

(2) 전체 10조각 중에서 5조각이 남았으므로 $\dfrac{5}{10}=$**0.5**입니다.

예제 **5-1** 효진이와 승우가 먹은 식빵은 3＋4＝7(조각)이므로 남은 식빵은 10－7＝3(조각)입니다.

따라서 전체 10조각 중에서 3조각이 남았으므로 $\dfrac{3}{10}=$**0.3**입니다.

예제 **5-2** 해법 순서
① 콩, 팥, 고추를 심고 남은 밭은 몇 군데인지 알아봅니다.
② 콩, 팥, 고추를 심고 남은 밭은 전체의 얼마인지 소수로 나타내어 봅니다.

콩, 팥, 고추를 심은 밭은 2＋4＋3＝9(군데)이므로 남은 밭은 10－9＝1(군데)입니다.

따라서 전체 10군데 중에서 1군데가 남으므로 $\dfrac{1}{10}=$**0.1**입니다.

응용 6 (1) 크레파스의 길이는 5 cm 3 mm이므로 머리핀의 길이는
5 cm 3 mm+5 mm=5 cm 8 mm입니다.
(2) 5 cm 8 mm=5 cm+0.8 cm
=**5.8 cm**

참고
· ▲ mm=0.▲ cm
· ■ cm ▲ mm=■.▲ cm

예제 6-1 해법 순서
① 볼펜의 길이는 몇 cm 몇 mm인지 알아봅니다.
② 연필의 길이는 몇 cm 몇 mm인지 알아봅니다.
③ 연필의 길이를 소수로 나타내어 봅니다.
볼펜의 길이: 15 cm 5 mm
연필의 길이: 15 cm 5 mm−2 cm 3 mm
=13 cm 2 mm
⇨ 13 cm 2 mm=**13.2 cm**

예제 6-2 생각 열기 정사각형은 네 각이 모두 직각이고 네 변의 길이가 모두 같은 사각형입니다.
정사각형은 네 변의 길이가 모두 같으므로 네 변의 길이의 합은
26+26+26+26=104 (mm)입니다.
⇨ 104 mm=10 cm 4 mm=**10.4 cm**

응용 7 (1) 소수점 왼쪽의 수가 같으면 소수점 오른쪽의 수가 클수록 큰 수이므로 0.□가 0.5보다 크려면 □는 5보다 커야 합니다.
(2) □ 안에 들어갈 수 있는 수는 6, 7, 8, 9로 모두 **4개**입니다.

예제 7-1 4.7보다 작은 수는 4.6, 4.5, 4.4, 4.3, 4.2, 4.1입니다.
따라서 □ 안에 들어갈 수 있는 수는 1, 2, 3, 4, 5, 6으로 모두 **6개**입니다.
주의 1부터 9까지의 수 중에서 찾아야 합니다.

예제 7-2 · 2.3<2.□ ⇨ □=4, 5, 6, 7, 8, 9
· 2.□<3 ⇨ □=1, 2, 3, 4, 5, 6, 7, 8, 9
따라서 □ 안에 들어갈 수 있는 수는 4, 5, 6, 7, 8, 9이므로 합은 4+5+6+7+8+9=**39**입니다.

응용 8 (1) $\dfrac{7}{10}$=0.7
(2) 0.8>0.7>0.6이므로 우유를 가장 많이 마신 사람은 **태현**입니다.
다른 풀이 연우와 태현이가 마신 우유의 양을 분수로 나타낸 다음 세 분수의 크기를 비교합니다.
· 연우: 0.6=$\dfrac{6}{10}$
· 태현: 0.8=$\dfrac{8}{10}$
⇨ $\dfrac{8}{10}$>$\dfrac{7}{10}$>$\dfrac{6}{10}$이므로 우유를 가장 많이 마신 사람은 태현입니다.

예제 8-1 생각 열기 현수가 캔 감자의 무게를 소수로 나타낸 다음 세 소수의 크기를 비교합니다.
$\dfrac{8}{10}$=0.8이므로 현수가 캔 감자는 0.8 kg입니다.
0.8<0.9<1.2이므로 감자를 가장 적게 캔 사람은 **현수**입니다.

예제 8-2 생각 열기 모든 수를 소수로 나타낸 다음 소수의 크기를 비교합니다.
㉠ 3.6
㉡ 4와 0.3만큼의 수 ⇨ 4.3
㉢ $\dfrac{1}{10}$이 58개인 수 ⇨ 0.1이 58개인 수 ⇨ 5.8
㉣ 5와 0.6만큼의 수 ⇨ 5.6
㉤ 0.1이 34개인 수 ⇨ 3.4
㉥ 5.4
⇨ 5.8>5.6>5.4>4.3>3.6>3.4
　㉢　㉣　㉥　㉡　㉠　㉤

꼼꼼 풀이집

3 STEP 응용 유형 뛰어넘기 146~151쪽

1 예

2 나   **3** 철사

4 똑같습니다.   **5** >, >

6 예 윤지와 민호가 먹은 피자는 2+4=6(조각)이므로 남은 피자는 10-6=4(조각)입니다.
따라서 전체 10조각 중에서 4조각이 남았으므로 $\frac{4}{10}$=0.4입니다.
; 0.4

7 $\frac{5}{8}$ **8** 14

9 예 남은 생수는 수미가 전체의 $\frac{1}{4}$, 은정이가 전체의 $\frac{1}{7}$, 현석이가 전체의 $\frac{1}{5}$입니다.
따라서 $\frac{1}{4}>\frac{1}{5}>\frac{1}{7}$이므로 남은 생수가 가장 많은 사람은 수미입니다.
; 수미

10 22   **11** 9.2

12 7.3   **13** 6개

14 35분   **15** $\frac{6}{10}$

16 1.2 cm   **17** $\frac{1}{8}$

18 예 (지수의 키)=134 cm+1 cm 9 mm
=135 cm 9 mm
=135.9 cm
(진호의 키)=135 cm+8 mm
=135 cm 8 mm
=135.8 cm
⇨ 135.9>135.8이므로 지수가 더 큽니다.
; 지수, 135.9 cm

---

1 나누어진 6조각의 크기와 모양이 같도록 똑같이 여섯으로 나누어 봅니다.

2 전체가 똑같이 4로 나누어진 것을 찾습니다.
가: 전체가 똑같이 3으로 나누어졌습니다.
다: 전체가 똑같이 6으로 나누어졌습니다.

---

3 생각 열기 2.5 m가 넘는 길이는 길이가 2.5 m인 줄자로 한 번에 잴 수 없습니다.
털실: 1.8 m<2.5 m
색 테이프: 0.8 m<2.5 m
철사: 2.9 m>2.5 m
줄넘기 줄: 1.6 m<2.5 m
⇨ **철사**의 길이 2.9 m는 2.5 m가 넘으므로 길이가 2.5 m인 줄자로 한 번에 길이를 잴 수 없습니다.

4 생각 열기 $\frac{(빨간색\ 부분의\ 수)}{(전체\ 부분의\ 수)}$를 알아봅니다.
• 리투아니아 국기의 빨간색 부분: $\frac{1}{3}$
• 벨기에 국기의 빨간색 부분: $\frac{1}{3}$
⇨ 두 국기의 빨간색 부분이 나타내는 분수는 **똑같습니다.**
참고 모양이나 크기가 달라도 전체에 대한 부분이 나타내는 분수의 크기는 같을 수 있습니다.

5 • 🎋는 $\frac{1}{6}$이고 🎎는 $\frac{1}{10}$입니다.
⇨ $\frac{1}{6}>\frac{1}{10}$이므로 🎋>🎎입니다.
• 🎐는 $\frac{2}{3}$이고 🎋는 $\frac{1}{3}$입니다.
⇨ $\frac{2}{3}>\frac{1}{3}$이므로 🎐>🎋입니다.

6 서술형 가이드 남은 피자의 조각 수를 구하여 소수로 나타내는 풀이 과정이 들어 있어야 합니다.

채점기준		
남은 피자의 조각 수를 구하고 이를 소수로 바르게 나타냄.	상
남은 피자의 조각 수는 구했으나 소수로 나타내는 과정에서 실수하여 답이 틀림.	중
남은 피자의 조각 수를 구하지 못해 문제를 풀지 못함.	하

주의 먹은 피자를 소수로 나타내는 것이 아니라 남은 피자를 소수로 나타내야 합니다.

7 색종이를 반으로 3번 접은 후 펼치면 다음과 같습니다.

접힌 선을 따라 모두 자르면 똑같이 8조각으로 나뉘게 됩니다. 사용한 조각은 5조각이므로 색종이 전체의 $\frac{5}{8}$입니다.

8 생각열기 분모가 같은 분수는 분자가 클수록 큰 수이고, 단위분수는 분모가 클수록 작은 수입니다.

$\frac{10}{16} < \frac{□}{16} < \frac{15}{16}$에서 $10 < □ < 15$입니다.

⇨ $□ = 11, 12, 13, 14$

$\frac{1}{18} < \frac{1}{□} < \frac{1}{13}$에서 $18 > □ > 13$입니다.

⇨ $□ = 14, 15, 16, 17$

따라서 □ 안에 공통으로 들어갈 수 있는 수는 **14**입니다.

9 서술형 가이드 남은 생수의 양을 각각 구하고 세 양을 비교하는 풀이 과정이 들어 있어야 합니다.

채점기준		
남은 생수의 양을 각각 구하여 세 양을 바르게 비교함.	상
남은 생수의 양을 각각 구했으나 세 양을 비교하는 과정에서 실수하여 답이 틀림.	중
남은 생수의 양을 구하지 못해 문제를 풀지 못함.	하

10 해법순서
① ㉠, ㉡, ㉢에 알맞은 수를 각각 구합니다.
② ㉠+㉡+㉢을 구합니다.
$0.8 < 0.9 < 1$에서 ㉠=9입니다.
0.5는 0.1이 5개인 수이므로 ㉡=5입니다.
8 mm=0.8 cm이므로 ㉢=8입니다.
따라서 ㉠+㉡+㉢=9+5+8=**22**입니다.

11 상자에 소수를 넣으면 소수점 왼쪽의 수와 소수점 오른쪽의 수가 서로 바뀝니다.
각 소수를 상자에 넣었을 때 나오는 소수를 알아보면 1.7은 7.1, 2.9는 9.2, 3.8은 8.3, 4.6은 6.4입니다.
⇨ 7.1, 9.2, 8.3, 6.4 중에서 소수점 왼쪽의 수가 가장 큰 **9.2**가 가장 큰 수입니다.

12 0.5는 0.1이 5개인 수, 0.9는 0.1이 9개인 수, 1.3은 0.1이 13개인 수, ……이므로 0.1이 4개씩 많아지는 소수를 쓰는 규칙입니다.

0.5	0.9	1.3	1.7	2.1	2.5
2.9	3.3	3.7	4.1	4.5	4.9
5.3	5.7	6.1	6.5	6.9	㉠

2.9부터 0.1이 4개씩 많아지도록 소수를 쓰면 3.3, 3.7, 4.1, 4.5, 4.9, 5.3, 5.7, 6.1, 6.5, 6.9, 7.3입니다.
따라서 ㉠에 알맞은 소수는 **7.3**입니다.

13 생각열기 수 카드 2장을 뽑아 두 수 사이에 소수점을 넣어 소수를 만들어 봅니다.
3.1보다 크고 9.3보다 작은 소수를 찾습니다.
3.□: 3.6, 3.9 ⇨ 2개
6.□: 6.1, 6.3, 6.9 ⇨ 3개
9.□: 9.1 ⇨ 1개
따라서 재준이가 만들 수 있는 소수는 모두 2+3+1=**6(개)**입니다.

14 해법순서
① 모자이크를 해야 할 나머지 부분은 전체의 얼마인지 알아봅니다.
② 모자이크를 해야 할 나머지 부분은 모자이크를 한 부분의 몇 배인지 알아봅니다.
③ 나머지를 모자이크 하는 데 걸리는 시간을 구합니다.
모자이크를 해야 할 나머지 부분은 전체 도화지의 $\frac{7}{8}$이고, $\frac{7}{8}$은 $\frac{1}{8}$이 7개이므로 5×7=**35(분)** 걸립니다.

15 $0.2=\frac{2}{10}$, $0.7=\frac{7}{10}$이므로 분모가 10인 분수를 $\frac{□}{10}$라고 하면 $\frac{2}{10} < \frac{□}{10} < \frac{7}{10}$입니다.
⇨ □ 안에 들어갈 수 있는 수는 3, 4, 5, 6이고 이 중에서 5보다 큰 수는 6입니다.
따라서 조건을 모두 만족하는 분수는 $\frac{6}{10}$입니다.

16 1 cm를 똑같이 10칸으로 나눈 것 중의 한 칸은 1 mm입니다.
㉠에서 ㉡까지 가는 데 가장 짧은 길은 오른쪽으로 7칸, 아래쪽으로 5칸 또는 아래쪽으로 5칸, 오른쪽으로 7칸 가는 것입니다.
두 경우 모두 7+5=5+7=12(칸) 이동하면 됩니다.
1 mm씩 12칸은 12 mm=1 cm 2 mm입니다.
따라서 ㉠에서 ㉡까지 가는 가장 짧은 길의 길이는 1 cm 2 mm=**1.2 cm**입니다.

17

서희가
사용한 부분

지후에게
준 부분

서희는 똑같이 8도막으로 나눈 것 중의 3도막을 사용
했고, 지후에게 남은 5도막 중 4도막을 준 것이므로
남은 도막은 1도막입니다.
따라서 남은 색 테이프는 전체를 똑같이 8도막으로
나눈 것 중의 1도막이므로 전체의 $\frac{1}{8}$입니다.

18 [해법 순서]
① 방학이 끝난 후 지수의 키를 알아봅니다.
② 방학이 끝난 후 진호의 키를 알아봅니다.
③ 키가 더 큰 사람을 찾아 키를 cm로 나타내어 봅니다.
[서술형 가이드] 방학이 끝난 후 지수와 진호의 키를 알아
보고 키를 비교하는 풀이 과정이 들어 있어야 합니다.

채점 기준		
지수와 진호의 키를 알아보고 키를 비교하여 답을 바르게 구함.	상
지수와 진호의 키는 구했지만 풀이 과정에서 실수하여 답이 틀림.	중
지수와 진호의 키를 구하지 못해 문제를 풀지 못함.	하

실력 평가 152~155쪽

1 9, 5

2 ㉡, ㉢, ㉣

3 ㉢

4

5 $\frac{5}{8}$

6 (예)

7 윤호

8 6.2 cm

9 $\frac{1}{4}, \frac{3}{4}$

10 (예) 똑같이 3으로 나누어지지 않았으므로 $\frac{1}{3}$이 아
닙니다.

11 수정

12 $\frac{14}{15}, \frac{8}{15}, \frac{7}{15}, \frac{4}{15}$

13 4조각

14 (예) 볼펜심의 굵기는 $\frac{6}{10}$ mm이므로 소수로 나타
내면 0.6 mm입니다.
따라서 0.6>0.5이므로 볼펜심이 더 굵습니다.
; 볼펜심

15 17.9 cm

16 3개

17 $\frac{5}{9}$

18 지은

19 (예) $\frac{7}{10}=0.7$이므로 $0.3<\square<0.7$입니다.
$3<\square<7$이므로 $\square$ 안에 들어갈 수 있는 수는
4, 5, 6입니다.
따라서 합은 $4+5+6=15$입니다.
; 15

20 85.2

---

1 색칠한 부분은 전체를 똑같이 **9**로 나
눈 것 중의 **5**입니다.

2 [생각 열기] 똑같이 나누어진 도형은 나누어진 부분들의 크
기와 모양이 같습니다.
나누어진 부분들의 크기와 모양이 같은 도형은 ㉡,
㉢, ㉣입니다.

3 ㉠은 똑같이 나누지 않았고 ㉡, ㉣은 똑같이 여덟으
로 나누었습니다.

4
- $\frac{3}{10}$을 0.3이라 쓰고 영 점 삼이라고 읽습니다.
- $\frac{7}{10}$을 0.7이라 쓰고 영 점 칠이라고 읽습니다.
- $\frac{9}{10}$를 0.9라 쓰고 영 점 구라고 읽습니다.

5 생각 열기 전체를 똑같이 나눈 수와 색칠한 부분의 수를 알아봅니다.
색칠한 부분은 전체를 똑같이 8로 나눈 것 중의 5이므로 $\frac{5}{8}$입니다.

6 전체를 똑같이 5로 나눈 것 중에서 2만큼 색칠합니다. 이때, 색칠할 수 있는 방법은 여러 가지입니다.

7 생각 열기 먼저 지영이가 들고 있는 수를 소수로 나타냅니다.
지영이가 들고 있는 수는 0.1이 47개인 수이므로 4.7입니다.
⇨ 4.7<7.4
└4<7┘
따라서 **윤호**가 더 큰 수를 들고 있습니다.

8 생각 열기 1 mm=0.1 cm임을 이용합니다.
색연필은 6 cm보다 2 mm 더 길므로 6 cm 2 mm입니다. 2 mm=0.2 cm이므로
6 cm 2 mm=**6.2 cm**입니다.

9
- 먹은 부분은 전체를 똑같이 4로 나눈 것 중의 1이므로 $\frac{1}{4}$입니다.
- 남은 부분은 전체를 똑같이 4로 나눈 것 중의 3이므로 $\frac{3}{4}$입니다.

10 생각 열기 분수로 나타내려면 전체가 똑같이 나누어져 있어야 합니다.
 ⇨ 노란색 부분은 전체의 $\frac{2}{4}$입니다.

서술형 가이드 창우가 한 말이 틀린 이유를 바르게 설명했는지 확인합니다.

채점기준	창우가 한 말이 틀린 이유를 바르게 설명함.	상
	창우가 한 말이 틀린 이유를 설명했으나 미흡함.	중
	창우가 한 말이 틀린 이유를 설명하지 못함.	하

11 1.3>0.9이므로 더 멀리 뛴 사람은 **수정**입니다.
참고 • 소수의 크기 비교하기
① 소수점 왼쪽의 수가 클수록 큰 수입니다.
② 소수점 왼쪽의 수가 같으면 소수점 오른쪽의 수가 클수록 큰 수입니다.

12 생각 열기 분모가 같은 분수는 분자가 클수록 큰 수입니다.
14>8>7>4이므로
$\frac{14}{15}>\frac{8}{15}>\frac{7}{15}>\frac{4}{15}$입니다.

13 $\frac{1}{2}$은 전체를 똑같이 2로 나눈 것 중의 1입니다.
두부를 똑같이 2로 나눈 것 중의 1은 똑같이 8조각으로 나눈 것 중의 4조각이 됩니다.
따라서 사용한 두부는 **4조각**입니다.

14 서술형 가이드 소수나 분수로 통일하여 두 수의 크기를 비교하는 풀이 과정이 들어 있어야 합니다.

채점기준	볼펜심과 샤프심의 굵기를 소수나 분수로 고쳐서 바르게 비교함.	상
	볼펜심과 샤프심의 굵기를 소수나 분수로 고쳤으나 크기를 비교하는 과정에서 실수하여 답이 틀림.	중
	분수를 소수로 고치거나 소수를 분수로 고치는 방법을 몰라 문제를 풀지 못함.	하

다른 풀이 샤프심의 굵기를 분수로 나타낸 다음 두 분수의 크기를 비교합니다.
- 볼펜심의 굵기: $\frac{6}{10}$ mm
- 샤프심의 굵기: 0.5 mm=$\frac{5}{10}$ mm
⇨ $\frac{6}{10}>\frac{5}{10}$이므로 볼펜심이 더 굵습니다.
주의 수가 클수록 굵기도 더 굵으므로 더 큰 수를 찾아야 합니다.

15 367 mm>358 mm>307 mm>188 mm이므로 강수량이 가장 많은 도시는 대전이고 가장 적은 도시는 부산입니다.
따라서 강수량의 차는 367-188=179 (mm)이므로 소수로 나타내면 **17.9 cm**입니다.

16 0.7<0.8 <⓪.9<1.4<2.3<3.5
0.9보다 작은 수   0.9보다 큰 수
⇨ 0.9보다 큰 소수는 모두 **3개**입니다.

꼼꼼 풀이집

17 해법 순서

① 남은 파이는 전체를 똑같이 9로 나눈 것 중의 몇인지 알아봅니다.

② 남은 파이는 전체의 얼마인지 분수로 나타내어 봅니다.

전체를 똑같이 9로 나눈 것 중의 민호는 1만큼, 현주는 3만큼 먹었으므로 1+3=4만큼 먹었습니다.

따라서 남은 파이는 전체를 똑같이 9로 나눈 것 중의 9−4=5만큼이므로 분수로 나타내면 $\dfrac{5}{9}$입니다.

18 남은 우유는 세연이가 전체의 $\dfrac{1}{7}$이고, 지은이가 전체의 $\dfrac{1}{5}$입니다.

따라서 $\dfrac{1}{7}<\dfrac{1}{5}$이므로 남은 우유가 더 많은 사람은 **지은**입니다.

19 해법 순서

① $\dfrac{7}{10}$을 소수로 나타냅니다.

② □ 안에 들어갈 수 있는 수를 모두 구합니다.

③ ②에서 구한 수들의 합을 구합니다.

서술형 가이드 $\dfrac{7}{10}$을 소수로 나타내고, 소수의 크기를 비교하여 □ 안에 들어갈 수 있는 모든 수의 합을 구하는 풀이 과정이 들어 있어야 합니다.

채점 기준		
	$\dfrac{7}{10}$을 소수로 나타내고, 소수의 크기를 비교하여 □ 안에 들어갈 수 있는 모든 수의 합을 바르게 구함.	상
	$\dfrac{7}{10}$을 소수로 나타냈으나 □ 안에 들어갈 수 있는 모든 수를 구하는 과정에서 실수하여 답이 틀림.	중
	$\dfrac{7}{10}$을 소수로 나타내는 방법을 몰라 문제를 풀지 못함.	하

20 생각 열기 가장 큰 수를 만들려면 가장 높은 자리부터 큰 수를 차례로 놓습니다.

8>5>4>2이므로 만들 수 있는 가장 큰 소수는 **85.4**이고 두 번째로 큰 소수는 **85.2**입니다.

주의 ■▲.●를 만들어야 합니다.

창의 사고력

1 $\dfrac{2}{16}$

2 예 석호의 사용하기 전 색 테이프가 윤미의 사용하기 전 색 테이프보다 더 길다면 석호의 색 테이프의 $\dfrac{1}{3}$이 윤미의 색 테이프의 $\dfrac{1}{3}$보다 길기 때문에 석호가 더 많이 사용한 것이 되어 두 사람의 말이 모두 틀리게 됩니다.

1 해법 순서

① 전체를 가장 작은 삼각형 모양으로 나눕니다.

② 노란색 조각은 전체의 얼마인지 분수로 나타냅니다.

전체를 가장 작은 삼각형 모양으로 나누면 위와 같습니다. 노란색 조각은 전체를 똑같이 16으로 나눈 것 중의 2이므로 $\dfrac{2}{16}$입니다.

2

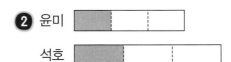

윤미

석호

⇨ 석호가 더 많이 사용했습니다.

서술형 가이드 석호의 사용하기 전 색 테이프가 윤미보다 더 길다면 두 사람의 말이 모두 틀리다는 설명이 들어 있어야 합니다.

채점 기준		
	석호의 사용하기 전 색 테이프가 윤미보다 더 길다면 두 사람의 말이 모두 틀리다는 것을 알고 이유를 바르게 설명함.	상
	석호의 사용하기 전 색 테이프가 윤미보다 더 길다면 두 사람의 말이 모두 틀리다는 것을 알고 이유를 서술하였지만 설명이 미흡함.	중
	두 사람의 말이 모두 틀린 이유를 설명하지 못함.	하